U0074774

每個爸媽都能

養出好眠寶寶

好眠師
姜珮 PEGGY／著

建立育兒信心，讓你和0～6歲孩子

睡飽 睡好

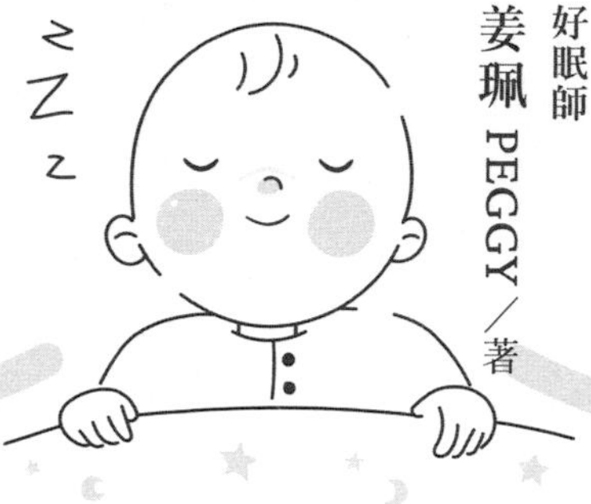

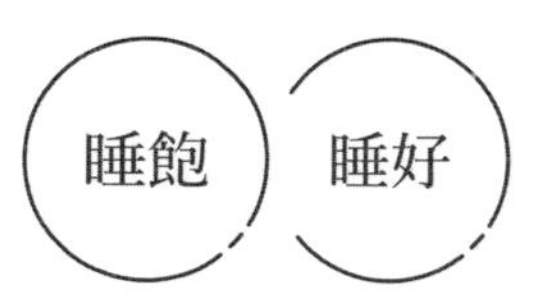

將這本書獻給我的母親、伴侶、以及女兒！
謝謝你們的愛。

目次

第五章

第六章

第七章 多人照顧，寶寶作息反而更容易失調？

★0～2歲 ★規律作息 ★自行入睡

第十章

第十一章

第十二章 爸爸媽媽一起努力，改善雙寶睡眠問題

★0～8歲 ★雙寶 ★獨愛渴望 ★睡眠儀式

推薦序

了解正確睡眠知識，陪伴孩子一夜好眠

哇賽心理學創辦人兼總編輯／蔡宇哲

睡眠對大眾而言是既熟悉但又陌生的行為，會有個別差異是正常的。例如，我有聽過媽媽離開月子中心寶寶就可以自己睡過夜的，但也遇過到一兩歲還會睡到一半醒來的，後者的家長就會擔心是不是自己的孩子不正常？可以理解會有這樣的擔憂，畢竟大家當下都只照顧一個寶寶，沒有比較基準。此時家長只需要了解一些正確的寶寶睡眠與發展的知識，就可以免除這類不必要的擔憂。

孩子的睡眠情況又會明顯受到照顧者行為的影響，而更難釐清問

題原因。而且不少照顧者都沒有意會到，孩子的睡眠其實是受到自己影響。例如有些家長會問說小孩都很晚睡，導致睡眠不足該怎麼辦？一問之下才知道家長的活動都到很晚，也沒有刻意替孩子設定睡眠時間，甚至孩子是跟著家長一同晚歸的。可以理解每個家庭都有各自的難處，但這個例子首要需調整的不是孩子，而是家長的作息與行為。在小的時候孩子其實不會也無法幫自己設定好睡眠作息，相當依賴家長的引導與協助，會需要先有這樣的理解，才能知道怎麼讓孩子一夜好眠。

即使我是睡眠專家，當孩子晚上睡不安穩時，媽媽還是會好聲建議：「我跟你說，這就是要帶去收驚啦，不要鐵齒。」當然我沒有照做，孩子在幾天後睡眠也恢復正常。在這種搞不清楚發生什麼狀況、又不知如何是好的情境，就容易在不知正確與否就接受他人建議。

上述這些情況，唯有對睡眠有正確的了解，才能不過度驚慌、知道該如何去面對孩子的各種睡眠狀況，而這本《每個爸媽都能養出好眠寶寶》正是為了廣大關心孩子跟自己睡眠的父母所需要的。作者並不是以睡眠知識作為章節架構，而是以孩子的睡眠狀況為主題切入，再輔以睡眠知識還加以解析並提供解決方案，讀來讓我可以很快理解這些狀況背後的原因與知識點，而且還能發現到，原來孩子會有這麼多奇特的睡眠狀況啊，會有一種很多人一起學習、努力的感覺。

最後想跟大家分享，也是書中提到的觀點：別為了孩子而犧牲自己的生活，尤其是睡眠。爸媽有了正常的睡眠，對孩子的照顧才能順心如意。

推薦序

跟著好眠師，自信媽咪養出好眠寶寶

好夢心理治療所執行長、臨床心理師／吳家碩

身為睡眠專業的臨床心理師，在工作的前十年，多數是處理成人的失眠問題。不過這個臨床工作的對象，在多了爸爸的角色之後，有了新的年齡範圍。

我在新手爸爸的階段也經歷了一段難以避免的手忙腳亂、日夜顛倒、不知所措，雖說自己算是睡眠管理的資深專家，卻也花了不少時間研究嬰幼兒的睡眠管理如何實行。不過摸索得差不多之後，孩子也長大了，在自己小孩的睡眠派上用場的時間倒是不多。你說可惜嗎？

也是不會可惜啦，因為後來就有機會在臨床派上用場。除了幫忙嬰幼兒有機會更好眠之外，更重要的也是可以協助因小孩睡眠問題而失眠的新手爸媽們。

孩子的睡眠，除了和生理健康以及心理發展息息相關外，更和新手爸媽們生活品質、情緒狀態，以及身心健康有著密不可分的關聯，這也是這本《每個爸媽都能養出好眠寶寶》吸引及打中我的地方。書中從不同的個案來解析各種家庭的情境，做出相異但合適又貼切的選擇。找到適合自己教養風格的引導方式，也讓讀者明白「孩子健全的心理發展，需要靠長期的健康睡眠、愛與支持、和諧家庭生活來培養」。

以往我們在談孩子睡不好時，常採用的解法是睡眠訓練，但不少新手爸媽又會擔心睡眠訓練會讓孩子心理受到創傷。睡眠訓練常常和小孩及爸媽的心理狀態拉扯著，我們該怎麼辦才好呢？書中除了提出

各種技巧外，我覺得裡面提到一個很重要的核心，就是「平衡點」。

每個家庭都有它獨特的「平衡點」，這個平衡究竟落在哪裡，需要父母對自己、對伴侶、對孩子有充分的了解及耐心。不論從研究還是臨床，其實都沒有絕對完美，或適合所有孩子的理論及技巧。作者透過書中的案例故事來提醒我們，如果能抱持開放的心態，找到屬於自己家庭中獨一無二的「平衡點」，就會發現育兒之路寬廣許多。

最後，想和大家分享我為什麼這麼推薦姜珮的這本新書（以及好眠線上學苑），因為我在臨床上真的看到好多沒有後援的照顧者，因為沒有後援，自己一個人獨自撐著，甚至是一打二、一打三……。他們很想來醫療單位諮商寶寶的睡眠問題，不過，真的分身乏術且無法出門，有時連好好吃口飯、喝個水都很不容易。所以，如果有值得推薦的好書，或是在家就可以線上學習的資源，是再幸福不過的事了！

祝福各位和心愛的寶寶，都可以在愛中找到平衡點，在平衡點中找到愛與好眠！

推薦序

睡飽睡好，才有餘裕照顧最愛的人

《MiVida 就是生活》創辦人、暢銷書作者／凱若 Carol

「嬰幼兒睡眠顧問」這個專業對我來說並不陌生，因為在兒子出生後的頭幾年，我也如許多無助的父母一樣，拖著嚴重睡眠剝奪的身軀，在網路上一遍又一遍搜尋著所有關於「寶寶睡眠」的資訊。我讀過很多關於嬰幼兒睡眠的理論，各種派別都有，對於「睡過夜」這件事，竟然能夠有這麼多不同的方法，許多竟然還彼此衝突，到底該怎麼做才好？難道，還是只能渴望某天孩子自己神奇的一覺到天亮呢？

感謝老天！終究我們還是熬過了那段時間。然而直到我認識了好眠師姜珮，才知道自己走了多少冤枉路。原來出生幾週就是會有「新生兒啼哭期」，和許多次睡眠週期的調整；原來不是因為我做錯了什麼，或沒做什麼。

姜珮將自己的苦惱轉化為行動，不只是解決了自身的困境，更進一步幫助到許多台灣的家庭，這讓我無比欣賞！我們倆都是創業媽咪，孩子都是我們創業的重要動機。姜珮的「好眠寶寶」從幫助嬰幼兒與家庭擁有優質的睡眠出發，而夫婿與我在西班牙創辦的《MiVida就是生活》則是從地中海飲食切入，重視飲食與生活品質。我們都期許自己的事業能讓更多家庭朝美好的理想生活邁進。每回與她聊天，總被她懷抱著期望改善台灣家庭睡眠的夢想而感動。雖然她遠在英國，卻是溫暖的支持照顧著台灣許多寶寶與家長。一個能睡好睡飽的家庭，絕對擁有更好的氣氛、更正面的關係，以及更健康的身心。

母親是最需要睡眠的一個族群，因為我們需要十足的耐心來觀察與滿足孩子們的需求，然而睡眠缺乏讓這個任務非常難以達成。況且，母親時常是家裡最缺乏睡眠的人，甚至最容易因為孩子的狀況而自責，陷入「我是個壞媽媽」的心情。雖然我家兩個孩子都早已度過了這個階段，但閱讀的過程裡，竟然有種療癒感：原來我是個還不錯的媽媽！

姜珮不只是專業的嬰幼兒睡眠顧問，更同時也是母親、妻子、創業者。她文字間的溫柔提醒，不只是讓我們更理解孩子，更是教我們每個辛苦用心的父母們要記得好好照顧自己。我們能安頓好自己的飲食、睡眠、情緒，也才更有餘裕照顧所愛的人。

是時候，讓我們更重視「睡眠」這件人生大事了！讀完姜珮老師的《每個爸媽都能養出好眠寶寶》，我決定身旁只要有朋友即將迎接新生命，就送給他們這本書！也誠摯推薦給懷孕的父母，或家中有同樣困擾的朋友。讓我們都能吃好睡飽，日日多美好！

推薦序

孩子的睡眠健康，是家庭品質的必要條件

兒科女醫艾蜜莉／歐淑娟

兒科門診的日常中，除了處理孩子全身內外大大小小的疾病，最重要的就是協助家長們解決孩子成長過程中所面臨的大小議題。

不同於成人疾病，在兒科我們特別用心於早期偵測及預防疾病、增進兒童健康的預防保健。對此，台灣兒科醫學會與相關政令部門也在孩子零至七歲之間，替家長們安排了七次的兒童健檢服務。這七次的健檢最主要的目的，除了某些疾病的早期發現早期治療，最重要的目的是促進兒童健康，其中包含了基本的身體檢查、聽力篩檢、代謝異常篩檢，餵食狀況（營養需求評估）、發展里程評估（分為粗大動作、精細動作、語言、社交、情緒、認知功能及自閉症篩檢）、牙齒塗氟、視力保健等各項。

與世界其他先進國家相比起來，台灣的兒童保健服務是非常完整且執行率相當高的。在嬰兒睡眠的議題上，醫療端比較注重的是睡眠安全，我們宣導不趴睡、不用枕、不同床、不悶熱、不鬆軟，這些都是為了打造安全的睡眠，以避免嬰兒猝死（SIDS, Sudden Infant Death Syndrome and other sleep-related infant deaths）。

我在門診中觀察到，嬰兒的睡眠問題常常讓家長感到困擾，甚至會影響自身健康、生活作息大亂、伴侶間相處品質下降。家長帶著寶寶來到診間求助於我們常見的問題如：

孩子半夜哭鬧不睡，是不是嬰兒腸絞痛？
滿月寶寶還無法睡過夜，是正常的嗎？
孩子哭了聽說不能一直抱，真的嗎？
滿周歲了，該不該讓孩子戒夜奶？
聽說吃奶嘴不好，戒不掉怎麼辦？

嬰兒的睡眠其實是新手爸媽們出了月子中心，或者從生產醫療院所接回家之後，第一天就要面臨的挑戰。人們俗稱可以睡過夜的寶寶是天使寶，像中了頭獎一樣的幸運，殊不知這其中有學問。不同月齡的孩子有不同的生理需求之外，各階段的發展也影響了睡眠週期的運行。爸爸媽媽可以透過學習睡眠知識，應用在日常生活中，來引導孩子安睡，彼此都獲得健康好眠。

好眠師姜珮是歐醫師在進修自媒體經營過程中認識的盟友，她也是一個孩子的母親，也曾經歷過寶寶頻頻夜醒、夜不成眠，而後造成自己身體亮紅燈的夢魘。因此她在進修取得證照之後，開始分享各式各樣的知識與資訊，也創辦了好眠學院來提供可能的解方，陪伴許多有嬰幼兒睡眠困擾的家庭。

少子化時代的父母跟過去相比更有餘裕與心力，開始關注孩子各項生理發展、心理健康。身為兒科醫師，我非常樂見有更廣泛、知識性的內容能夠陪伴讀者們育兒。睡眠佔了嬰幼兒生命當中超過一半的時間，很大程度影響著孩子的生理健康，更大大影響了一個家庭的核心，也就是主要照顧者的身心健康。歐醫師跟各位一樣，我們都希望陪伴孩子健康成長。均衡的營養與充足的睡眠是孩子健康成長的重要基礎，我相信也是夫妻之間有品質相處的必要條件。

推薦這本書給所有的新手爸媽、準爸媽，能夠擁有嬰兒睡眠的先

備知識，相信在育兒的路上有如神助攻，爸爸媽媽更能專注在提供孩子健康的飲食、保留伴侶之間的相處時間，甚至在孩子年紀稍長時還有餘裕關注教養議題，誠摯推薦這本書給大家喔！

好評推薦

Peggy 的文章藉由身為母親的經驗及睡眠顧問的角度，提供了解決孩子睡眠問題的方法，而除了關注在孩子本身的問題之外，每篇文章也是一個個溫柔的轉身，讓我們從對孩子的照顧上回過頭來看見母親、父親或是整個家庭的需求。

兒童的照護與治療關注的往往不只是兒童本身，而是孩子與照顧者及整個家庭的互動與磨合。身為一個兒科醫師，很高興能有這本書，銜接彌補了我們在疾病治療之外的不足，也謝謝 Peggy 努力不懈的完成了這本睡眠實戰守則。

希望在睡眠問題之中掙扎的孩子與家長們，能因為這本書得到幫忙，能明白自己並不是孤單的，所有的問題都有解決的方法。因為總會有人和你站在一起，在這養育小孩漫長辛苦的磨合過程當中，我們也會協助你支持著你，讓我們一起看到隧道那頭的光亮。

——**祁孝鈞**／小森林兒科診所院長

第一胎因為大寶的睡眠問題，重重的影響我們夫妻感情及情緒，那時候才深刻體認到生活作息對寶寶的影響有多麼巨大。看了 Pei pei 寫的案例，就讓我回想照顧恩仔的所有睡眠經驗，這時候覺得為什麼不早點找睡眠顧問，或許我跟我老公不會因為孩子的睡眠問題而煩惱！這本書 Pei pei 用很多不同面向的案例，來告訴我們如何面對、處理。

我相信所有的孩子都能睡得好，這樣照顧者（媽媽們）才能好好睡，好好睡的媽媽們也才會心情好，爸爸們也才會有好日子過（笑）。

現今寶寶睡眠這件事，依舊困擾很多家庭，希望這本書能減少因孩子睡眠問題而煩惱的家庭，也希望增加父母和孩子共同生活時的笑容，不要因為寶寶睡眠問題而影響全家。

——**護理師C‧C（吳予曦）**／孕期諮詢師、產後照護護理師

我們都同意，跟隨孩子的發展需求，給予孩子適當的支持，是讓孩子順利成長的最佳方法。然而睡眠呢？大多數人可能覺得睡覺是一種本能，不需要過多的去鑽研，但其實睡眠這門學問，比我們想像的

大，並且跟動作發展、認知發展一樣，是分成不同發展階段的。

很多新手父母在寶寶出生後，因為破碎的睡眠和頻繁的哺乳，被折騰得精疲力盡。其實這不是一件無解的事，也不是一件需要默默忍耐的事。在美國，睡眠顧問（Sleep Consultant）是一種家喻戶曉的職業，就跟職能治療師、心理諮商師、社會工作師一樣，用專業幫助很多家庭。

很高興看到睡眠顧問 Peggy，出了這本兼具專業與溫度的睡眠寶典，並且將東方社會的民情都考慮進去了，這將會是幫助你的寶寶、以及全家都睡得好的一本書！

——蒙特梭利媽媽在北加 Jocelyn／AMI 國際蒙特梭利教師、Circle by Circle 專案總監

作者序

了解寶寶的睡眠發展，重新成為快樂媽咪

在我成為母親的那一年，剛搬來英國不久。記得那年倫敦冬天我背著女兒，手提著超市的食物一袋一袋的扛回家。看著雪絲落下，化在懷中四個月大的女兒臉上，那畫面美極了！

但這樣的甜蜜，很快就被夜醒五、六、七、八次的夢魘占據。我一直很喜歡寶寶，但沒有想到寶寶的睡眠如此捉摸不定。每天的哄睡、早醒、夜醒，我的身體亮起紅燈，再加上伴侶此時開刀臥床，好幾個夜晚我在禱告中淚流滿面，覺得自己快撐不下去了。

我明白，如果要擁有健康快樂的家庭，身為媽媽此刻絕不能倒下。一家人需要有健康規律的作息，也要有足夠睡眠。也是在那個時候，我才知道國外有嬰幼兒睡眠顧問這個職業。短短兩週的諮詢，居然讓寶寶在不靠任何藥物的狀況下成功分房，並且一覺到天明。這對疲憊折磨的父母來說根本是奇蹟。

在台灣，或者是華人地區，跟我們一樣為孩子睡眠所苦的家庭很多。而爸媽處理睡眠的方式，通常跟教養派別綁在一起。親密派的爸媽相信寶寶睡不好，是因為安全感不夠，需要滿足他依附的需求；紀律派的爸媽相信不能被寶寶的情緒「綁架」，需要訓練孩子步上軌道，最好從滿月就睡過夜。

不過多數的台灣父母，都是在親密與紀律之間游移。我們擔心抱不夠、讓孩子哭會習得無助，造成將來的心理問題；也害怕過度的滿足會變成寵溺，變成路人指責「沒在管」的孩子。

尤其現在網路上資訊很多，出嘴提供教養建議的人也多，從長輩、鄰居，到不認識的網友，好像都能對自己家怎麼養寶寶發表意見。若搜尋寶寶睡眠的相關知識，乍看之下有好多做法，但到底哪一個是對的，好像沒有統一答案？

成為好眠師以來，有不少媽媽告訴我：「我一直以為是我不會帶孩子，一定是做錯了什麼，他才會那麼難睡。」其實台灣的家長在睡眠上，比起英國的家庭是「做得比較多的」，華人家庭有比較高比例的同床睡、哄睡，孩子夜醒時，爸媽也花了不少時間在陪伴睡眠。

但我們卻更常懷疑自己「哪裡沒做、少做了什麼、做錯什麼」。這種自責無助的心態，讓許多新手爸媽在一開始就因為寶寶的睡眠問

題失去做父母的自信，難以面對接下來漫長的育兒之路。

其實，寶寶的睡眠型態原本就跟大人不同，我們需要的只是認識他們的睡眠發展。有合理的期待，就會知道何時該介入，何時該放手，減少不必要的壓力。

在寫這本書時，我憶起很多過往的個案，發現多數的家庭，都是帶著「高需求寶寶」、「不需要太多睡眠的寶寶」、「沒安全感的寶寶」這些標籤來的。

我心想這個比例也太高了！每個孩子的確有他的氣質，但並不是每個孩子天性如此。經過睡眠調整後可以發現，很多孩子只是沒睡飽而已。跟大人一樣，沒睡飽的時候難免焦躁不安、情緒激動興奮、影響食欲，也會像隻無尾熊一樣黏著大人。

在嬰幼兒時期，搞定睡眠幾乎等於擁有天使寶寶；到了小童時期，孩子睡得好，我們更能專注在教養議題。睡眠僅僅是育兒中的一環，但卻是極為重要的基礎。我希望未來有一天，睡眠能成為所有新手爸媽的先備知識。

創辦好眠學苑之後，我最開心的事情是收到許多媽媽的課後回饋，告訴我現在有更多時間和伴侶相處、有勇氣生二寶了、學習進修專業，甚至開啟職涯第二春。更重要的是，一家人有更多時間睡眠，白天也比較能專心和有耐心的陪伴孩子。

這也是我自己的寫照，我在走過那段行屍走肉的日子後，才深感睡眠的重要。一家人擁有好的睡眠，等於有更好的生活品質。我也是在孩子睡覺之餘，持續進修，並創辦了好眠寶寶。

當我們睡飽之後，力量是很大的、信心是很足的！

在這本書裡頭，我會用幾個故事分享台灣寶寶常見的睡眠問題，還有父母常有的疑問。或許你會在書中看到自己的影子，也希望各位父母能在閱讀中得到安慰陪伴，以及生活上實質的幫助。

第一章

當新手媽媽，遇到新生兒啼哭期

月齡 0～5 個月

睡眠主題 新生兒啼哭期、四個月睡眠倒退期

「請救救我！」

娜娜寫信給我時，打上了這個求救的標題。我深吸了一口氣才點開信件，這是封負面、沮喪、無助的母親所寄來的信。娜娜說她因為寶寶睡眠和愛哭的問題，萌生想把孩子送給別人的念頭，又因這樣的想法覺得萬般愧疚。娜娜在這封信的結尾寫下：「我是個糟糕的媽媽。」我彷彿看到溢出的淚水……。

一開始，娜娜並不是個憂鬱的人。在當母親之前，她滿心期待著孩子出生，打算用滿滿的愛來迎接他，也和老公幻想著要當什麼樣的父母、要帶孩子去哪裡玩、幫他買可愛的嬰兒服。周遭的媽媽友說：「第一個月最辛苦，記得要選個豪華月子中心，過得舒服一些。」因此，娜娜產前花了不少時間選擇月子中心，幫自己安排了「產後度假風」的環境。想到生產後就可以度假一個月，甚至還有些期待。

在月子中心的日子的確不錯，餵奶時間護理師會把寶寶推進來，餵奶後再推回去嬰兒室。看著寶寶認真喝奶的臉龐，常常喝到體力不支就睡著了。娜娜天真的想：「其實也沒有這麼難，寶寶很容易就睡著了，看起來是個愛睡的寶寶呢！」

然而當要離開月子中心時，護理師告訴娜娜：「寶寶比較愛哭，看起來是高需求寶寶，媽媽要加油喔！」當下娜娜並沒有想太多，畢竟哪個寶寶不愛哭呢？誰知道，回家後的日子簡直是「人間煉獄」。寶寶幾乎無時無刻都在哭，最長的睡眠只有兩小時，睡三十分鐘就醒，甚至可以從傍晚一路哭到深夜。娜娜該做的都做了，卻找不到寶寶哭泣的理由，連來探望的朋友都被寶寶愛哭的程度給嚇到。

生產前說好會一起帶小孩的老公，實則假日才會派上用場，平日都被工作塞滿。娜娜從早到晚望著哭泣的嬰兒，忍不住萌生種種負面

想法：「為什麼老公可以出去上班不用顧小孩？」「為什麼我要生小孩？」「為什麼我的生活變成這樣子？」「這種生活到底有什麼意義？」也不禁懷念過去那個自由自在、想去哪就去哪的自己。

每晚老公下班後，娜娜都需要自己一人走進房間，歇斯底里的大哭一番。面對幫助有限的另一半，她愈看愈厭惡，板著一張臉動不動冷嘲熱諷。其實，娜娜並不喜歡這樣苛刻的自己，但能這樣發洩情緒，已經是生活裡少數可擁有的自由。

如果可以重來，娜娜不要留職停薪，她也想要繼續工作。畢竟工作再怎麼辛苦，都比面對只會哭泣的嬰兒好上許多。

雪上加霜的是，娜娜開始失眠。每晚入睡前，她會焦慮寶寶不知道何時起來討奶？明明很疲倦，卻又睡不著，這讓娜娜更加害怕隔天沒有體力顧孩子。身心狀況愈來愈差，終於在家人的鼓勵下，娜娜走進了身心科。

「那一天我看到醫生，就崩潰大哭，好像想把所有力氣都用掉一樣。」娜娜這樣說，到了那一刻，她才知道自己的心真的生病了。

☆ ☆ ☆

娜娜寫這封信給我的時候，寶寶已經五個月大。這五個月她回了娘家，也接受心理醫生的治療，情緒比過往緩和。寶寶的哭泣情況雖然有改善一些，睡眠仍然一團亂。寶寶半夜好幾次夜醒，小睡依然睡得短，娜娜還是得在睡不飽的情況下匍匐掙扎。

我在與娜娜討論的過程中，感受到了「既期待又害怕受傷害」的

心情。她很期待寶寶在專業協助下有睡飽的一天，但如果之後寶寶都沒有改善怎麼辦？或是因為缺乏安全感，而變回之前那個每天哭超過四、五小時的寶寶，又該怎麼辦？

由於哭泣是娜娜最在意的點，我想先聊聊「寶寶哭泣」這件事。

為什麼寶寶會哭成這樣？

寶寶哭泣的原因有很多，與月齡、生理因素、心理因素等條件都有關係。我想透過這個例子來談最容易打垮新手爸媽信心的「新生兒的哭泣」。

娜娜碰上的這個狀況其實並不罕見，當媽媽坐完月子，從月子中心回到家裡，或是月嫂幫手離開時都可能發生。此時寶寶好像不太接受突如其來的轉變，哭泣的時間變多、睡覺的時間也跟著變少。有時候，甚至會連哭好幾個小時，哭到照顧者心碎崩潰。尤其每到黃昏或夜晚時，哭泣情況就會特別嚴重，怎麼安撫都沒有用。

這時候，一旁的人可能會說「寶寶不適應新的環境、沒有安全感」或者是「小孩被嚇到了，要趕快帶去收驚」，甚至有些人會去責怪媽媽「沒有經驗，不會照顧小孩」。

但是，真的是這樣嗎？當新生兒哭泣不止，找不出任何原因的時候，很有可能是遇到了「新生兒啼哭期」。很多新手媽媽剛坐完月子，先生回去上班、也沒有幫手。在這個時候，若又遇到哭不停的寶寶，可能會非常無助崩潰，懷疑自己是不是沒有能力當個好媽媽，甚至出現產後憂鬱等情況。

事實上，幾乎所有健康的寶寶都會經歷「新生兒啼哭期」，只是會有強度跟長度的差別。新生兒啼哭期的英文名字叫做「PURPLE Crying」，PURPLE 在這裡的意思不是哭到發紫，而是新生兒啼哭期特徵的簡寫。

新生兒啼哭期的特徵

啼哭期的特徵大概有幾個。在月齡上，通常是第二週開始，在第六週來到高峰，所以剛好是落在坐完月子的時候。寶寶的哭泣常常無法預期，看起來好像很痛苦、身體不舒服的樣子。早期會有腸絞痛這個詞，就是因為寶寶哭到蜷曲起來，讓人誤會是因為腸胃不適而哭泣，但現在我們已經知道，寶寶哭泣不一定代表腸絞痛。

有個讓爸媽最無法忍受的地方，就是寶寶會哭很久，有些寶寶甚

新生兒啼哭期的特徵

P – Peak of Crying：第二個月（通常是第六週）是啼哭期的高峰

U – Unexpected：無法預期、難以捉摸、說哭就哭

R – Resists Soothing：任何安撫方式都無用

P – Pain-Like Face：看起來好像很痛苦，但其實寶寶的身體是健康的

L – Long Lasting：寶寶可以哭很久，一天超過五小時甚至更久

E – Evening：在黃昏或夜晚時哭最慘

一般來說「新生兒啼哭期」開始於第二週，高峰期為第六週，且會持續三至四個月。父母如果先有預期，做好心理準備，就不至於太慌張。

出自：National Center on Shaken Baby Syndrome

至一天可以哭超過五小時或更久，而且任何安撫方式好像都看不到什麼效果。哭泣的時間點常常發生在黃昏或夜晚的時候，因為這個時間寶寶很容易躁動不安，啼哭可能一直延續到午夜。

科學家曾經針對動物進行研究，發現哺乳動物在頭幾個月都有類似哭泣焦躁狀況，所以將其視為某種發展階段。專家建議，父母遇到這樣的狀況時，最重要是「保持冷靜」。我們最擔心爸媽因為寶寶的哭泣而焦躁、緊張，為了安撫寶寶劇烈搖晃他，這才是導致寶寶受傷，甚至死亡的主要原因。

如果寶寶長時間找不到原因的大哭，父母直覺不太對勁的時候，還是去醫院檢查、了解寶寶是否有生理上的哭泣原因。不過，多數的新生兒啼哭是正常的現象，屬於發展中的過渡時期，爸爸媽媽不需要因此覺得愧疚，或失去當父母的信心。

過渡期是有期限的，不是看不見的終點

「所以寶寶當時哭成這樣，是因為新生兒啼哭期？而不是我很糟糕？」娜娜難以置信的說。

「從時間和描述的情況來看，的確滿吻合啼哭期的特徵。而且他之後的哭泣也慢慢緩和，寶寶的健康也沒什麼異狀不是嗎？」

如果重新來一遍，娜娜會知道，寶寶那樣哭泣並不是母親的責任，而是常見的發育過程。或許娜娜一家可以在啼哭高峰期之前做好規劃，先找好幫手，或由伴侶請假幾天隨時可以換手照顧，娜娜肩上的重荷，就也能稍微放下一些些了。

有了預期心理，一切都會不一樣。當我們確認寶寶的生理因素，

並滿足孩子需求之後，哭泣卻仍然持續時，就會知道這是新生兒啼哭的「過渡期」。而既然是過渡期，就代表會有個期限，而不是毫無止境、看不見終點。

不要放掉讓自己開心的能力

娜娜的例子是典型「寶寶不開心，都是因為我」的自責心理，許多母親覺得寶寶的喜怒哀樂是自己該負責的，以至於當寶寶出現難以安撫下來的哭泣，會認為是因為媽媽做錯了什麼事，或認為自己根本不是當母親的料。尤其在產後荷爾蒙劇烈變化，加上沒睡飽的催化下，憂鬱的情緒很容易就愈滾愈大。

但每個人終究是獨立的個體，當我們的成就感與情緒，取決於另一個人的表現時（即便那個人是我們的孩子），等於是交出了情緒的

掌控權。當我們的開心與成就感，是因為寶寶很好帶、長大了成績優異、個性人見人愛……，即使是身為母親的特權，卻也就此喪失了讓自己開心的能力。

我們可以作為讓自己開心的那個人嗎？無關乎伴侶、小孩，在成為母親之後，我們仍然有這個掌控權。作為每天哺餵寶寶的母親，難道不值得享受坐在餐廳，好好享受美味餐點的午餐時刻？作為每天整理家務的妻子，難道不值得為自己買束花，放在窗邊欣賞？

這些美好時刻是可以自己創造或爭取的，即便只有每天十分鐘、每週兩小時都好。隨著孩子長大，我們會更有多餘裕，把焦點轉回自己身上。

身為新手爸媽，我們很容易因為過度關注孩子，而忘了自己也是生活的主人。**當生活的主人，也是需要練習的**。許多母親在孩子長大之後頓時失去人生重心，或不願放掉孩子的掌控權，成為直升機父母，不就是因為忘了怎麼把重心轉回自己身上、失去把生活過好的能力嗎？

寶寶的睡眠，碰上四個月倒退期了嗎？

「雖然寶寶現在哭得比較少了，但四個月之後，他的夜醒反而比以前更多，小睡三十分鐘就醒。我不知道該怎麼辦才好，不是說寶寶愈大，睡眠會愈好嗎？」

我們回到娜娜尋求睡眠專業支援的重點上：「到底要怎麼改善三至五個月齡的寶寶睡眠問題呢？」

四個月睡眠倒退期（正確來說是三至五個月，不一定是在四個月齡時發生），以矯正月齡來計算會比較準確。有些父母會發現原本好哄睡、夜晚連續睡眠拉長的寶寶，突然翻盤走樣。常見的情況是夜醒更頻繁（尤其是下半夜）、小睡過不了三十分鐘魔咒等。

最主要的原因，是寶寶在這個階段睡眠模式有所轉變，原本睡眠週期只有兩段，開始像成人一樣有了四階段的睡眠週期。但寶寶的週期長度又還沒拉長，所以乍看之下，睡得反而比前一兩個月更糟。

而睡眠週期從兩段變為四段，又是什麼意思呢？

這是睡眠發展中的重要分水嶺，原本寶寶的一段睡眠週期，只有淺睡深睡兩階段，現在「成人化」變成四階段。就很像一條凹凸不平的馬路，原本有兩個坑洞，現在變成四個坑洞，增加寶寶被晃醒的機率。

睡眠循環圖

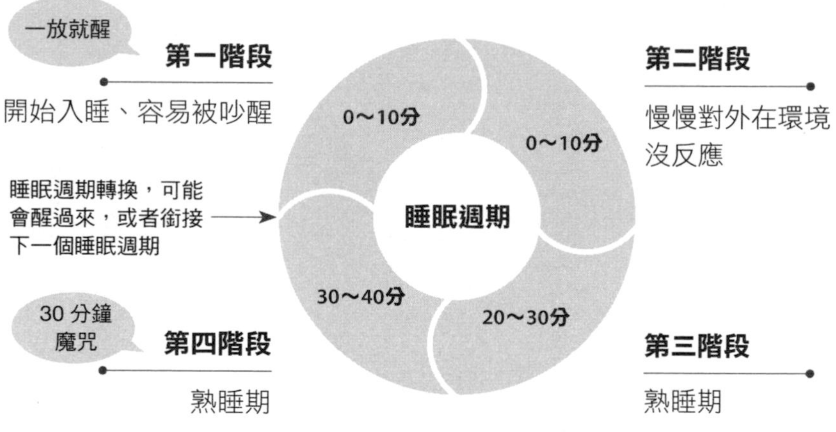

40 分鐘睡眠週期為舉例說明，
睡眠週期長度會因為月齡、個體變化有所不同。

出自：好眠學苑

此時最常見的睡眠問題，是哄睡寶寶在第一階段還沒熟睡的情況下，放上床鋪就醒了；還有小睡時脫離熟睡期，卻無法順利進入下一階段睡眠的「三十分鐘魔咒」。夜晚的睡眠壓力較大，三十分鐘魔咒的情況會比較少發生，但我還是有遇過每一個小時就醒來、需要爸媽再次哄睡的案例。

四個月的睡眠倒退，並非全然只有壞消息。一般來說，這個月齡的嬰兒褪黑激素已經分泌足夠，所以很多寶寶在三至五個月間夜晚睡眠拉長，建立穩固的日夜規律。排除夜醒夜奶等問題，爸媽會發現寶寶的夜晚睡眠拉長到十一至十四小時。而褪黑激素除了有助於夜晚睡眠，也能幫助腸子的平滑肌放鬆，寶寶之前的腸胃不舒服、腸絞痛等狀況都能得到改善。

夜晚睡眠拉長的同時，白天的小睡也跟著開始發展。通常是從早

上小睡開始規律，接著午睡、下午小睡，一天大約三至四次小睡。這跟小嫩嬰時期清醒一段時間就想睡的狀況不太一樣，台灣的父母通常會習慣計算寶寶的清醒時間，但四至六個月的寶寶發展到了下一階段，應該開始建立與身體節律配合的生理時鐘。

發展中的小睡還沒穩定，不少寶寶還不會自行入睡、接覺，會在三十分鐘魔咒時醒來。沒睡飽，再加上沒有配合生理節律放床，導致白天睡眠一片混亂，這也是四個睡眠倒退期的特徵之一。

寶寶學翻身，大動作發展同時來到

另一個造成睡眠倒退的常見原因，是寶寶在此時學會了翻身。三至五個月剛好是寶寶第一個大動作「翻身」開始的時間點，翻身可以拆解好幾個動作，從仰躺到側躺、翻回來再翻過去，整體影響的時間比較久，中間也會有些起伏。

在這段期間，寶寶可能會在半夜爬起來「練習」，自己翻不回來時，就會哇哇大哭請爸媽去救他。有時候這個練習還可以耗費一至兩個小時之久，讓爸媽黑眼圈加重，非常苦惱。另外，大腦在動作發展時期也比較刺激活躍，間接導致夜醒發生，在夜晚時刻不由自主的因翻動身體而醒過來，而造成「睡眠倒退」的假象。

事實上，四個月睡眠倒退期並非真的「倒退」，而是寶寶發展的正常現象。所以坊間對於「睡眠倒退期」的認知，常常是害怕恐懼。由於這樣的用字容易引起誤解，我覺得或許把倒退改為「震盪」會更精確。**父母不應該用「倒退」的角度來看待，而要看見寶寶在發展過程的「進步」**。用不同的心態來面對就知道，震盪終究會過去，也能帶領孩子穩定下來。

讓寶寶開始練習自行入睡

前文中也提到，寶寶的睡眠模式在此時「成人化」了，這代表寶寶已經有能力像大人一樣「自行入睡」。所以我們對寶寶的期待不該停留在新生兒時期，用哄睡的方式就能睡飽睡滿。很多寶寶的睡眠在四個月之後不進反退，是因為爸媽以為遇到猛長期，所以在夜醒時拚命餵奶。結果反而養成多次夜奶的習慣，造成之後的睡眠問題。

我們應該要尊重寶寶自行入睡的潛能，在此時給予更多空間，也不過度干預孩子睡眠。事實上，能夠「自行入睡、自行接覺」的寶寶，通常能更順利度過震盪期。因為即便睡眠被拆解成很多段，寶寶都有辦法自己睡回去。就像大人一樣，發出點聲音、翻個身，就能「一覺到天亮」。

另外，關於大動作發展、小睡建構期對於睡眠的影響，終究是短暫的。我們在此時該注意的是避免用更強的安撫哄睡，否則這個震盪期會一直持續下去，養成持續睡不好的習慣。

四個月睡眠震盪期不可怕，如果爸媽對於睡眠有正確的了解，就能在震盪期穩住陣腳。就像已經看好氣象預報的登山者，我們知道可能會下雨，就事先在背包準備好雨具。在其他人手忙腳亂之際，從容的撐起雨傘，順利度過。

☆ ☆ ☆

和娜娜討論過後，我們知道寶寶目前最需要的是「學習自行入睡、接覺」來改善夜醒，和短小睡的問題。接下來兩週內，我們便專注在這兩個目標上，讓孩子練習自行入睡。其實讓孩子自行入睡本身

不困難，但對於執行者，也就是爸媽來說，卻會有很多不確定感和焦慮等情緒。所以我也建議，如果要做寶寶的睡眠引導，家中所有的照顧者都要認同，並建立共同目標。如果爸媽有一方出現心理憂鬱、情緒低落的狀況，也不建議在此時馬上練習。

結束兩週的練習後，娜娜告訴我寶寶的睡眠改善了很多。最後她寫了封長信給我，描述這兩週的心路歷程：

「執行睡眠引導的第一天晚上，我跟老公都無比緊張，兩個人甚至一邊抱著哭，一邊勉勵對方。這讓我感受到我們站在同一陣線，我一點都不孤單。經過了陣痛期後，寶寶竟出乎意料的改變了。很慶幸自己願意跨出那第一步，也慶幸能有 Peggy 的從旁協助。我希望自己是個懂得放手的媽媽，而引導寶寶睡眠，是我當媽媽後第一個成長。

寶寶作息規律後變得非常愛笑、情緒也穩定多了；我的壓力沒那麼重、開始會笑了，老公也終於鬆了口氣。回頭想想，究竟是寶寶天生高需求，還是我的不放手讓他成為高需求呢？謝謝 Peggy 的協助，讓我再次相信成為媽媽後有了無比堅定的信念。也希望每個媽媽都能善待自己，因為我們都已經很努力、很努力了！」

是啊，我們都很努力了。當爸媽也是學習的過程，我們跟孩子一樣共同在學習，才能一同迎接、創造美好的生活！

睡眠引導小提醒

1. 找不到寶寶哭泣不停的理由時，可能是碰上新生兒啼哭期，父母遇到這樣的狀況時，最重要是「保持冷靜」。
2. 新生兒啼哭期好發的第二週至第六週，可先準備好協同照顧的人力，避免主要照顧者過勞或情緒崩潰。
3. 寶寶三至五個月左右，因為睡眠模式的改變、大動作發展等因素，會遇到四個月睡眠震盪，這是發展的正常階段，可趁此時開始讓寶寶練習自行入睡。

第二章

想要寶寶睡好，也想找回快樂的能力

月齡 0～2歲

睡眠主題 寶寶睡眠週期、淺睡眠

「我覺得我現在很幸福，卻快樂不起來。」雅婷在聊天時向我脫口而出。

雅婷過去是征戰沙場的職業女性，在公司當到小主管，職涯前景一片光明。但懷孕之後，因為身體種種不適、請假安胎太久，在主管明示暗示下索性離開職場。小孩出生之後，也就當起了全職媽媽。

「不快樂可能是因為我都睡不好？專家不是說沒睡飽的話也會影響情緒嗎？如果有睡飽的話，我應該就會很快樂了。而且小孩算好帶，白天沒讓我操什麼心，就是晚上睡不太安穩。然後我又神經質，半夜會一直起來確認他醒了沒？是不是要喝奶？會不會著涼？說實在以前我上班的時候，也沒有睡很好。」

雅婷大概是發現不小心透露了心事有點害臊，開始丟出一些理由來解釋自己不是真的不快樂，而是沒睡飽的問題。

「不知道是我該看醫生，還是小孩睡眠有問題。如果問題出在我身上，是否該去接受諮商？其實孩子三個月就睡過夜了，只是最近半夜會翻來覆去的，白天也常打哈欠，就擔心孩子是不是睡不好。」

話題又轉回到雅婷的五個月寶寶身上。的確，從整體睡眠狀況來看，寶寶算是睡得還不錯。雅婷來找我聊聊，主要還是想安個心。或許真的要從睡眠顧問口中聽到孩子睡得不差，才能放心睡得好吧。有時候爸爸媽媽來尋求幫助，並非是寶寶睡得差，而是想「確認」孩子是否真的有睡好。彷彿要有公正第三方確認之後，才能算數。

孩子睡眠不安穩，是正常的嗎？

雖然能同理雅婷的疲憊與鬱悶，但這次的談話重點還是放在睡眠引導上，我很快的將話題拉回來，向她說明「孩子睡眠躁動」這件事。很多爸媽擔心孩子睡眠不安穩、睡得淺，整晚不停躁動。我們回到睡眠科學上，來看嬰幼兒睡眠發展。

一九五二年，美國芝加哥大學的研究生尤金．阿瑟林斯基（Eugene Aserinsky）在記錄嬰兒睡眠時，發現某些時段嬰兒的眼球會快速的移動，而且同時伴隨著活躍的腦波活動。根據這個特徵，研究者把人類的睡眠階段分為快速動眼期（REM）和非快速動眼期（NREM）。過了幾年，研究又更仔細的分成「清醒」、「非快速動眼睡眠」及「快速動眼睡眠／做夢睡眠」這幾個階段。

我們的夜晚，就是這樣循環好幾個睡眠週期，經歷過多次的清醒、淺睡、熟睡交替。這是人類的正常睡眠狀態，只是大人可以很快的進行睡眠轉換，因此在當爸媽之前都誤以為是一覺到天亮。

寶寶的睡眠特性是「睡眠週期較短」。相較於大人的睡眠週期，通常為九十分鐘左右，新生兒睡眠週期大約是四十至五十分鐘，幼兒大約是六十至八十分鐘。在週期轉換時會有「清醒」的狀態，短的幾秒鐘，長至好幾分鐘。寶寶在此時會發出聲音、哭泣、翻身、手亂抓、挪動位置等……。天使寶寶在週期轉換時可能唉幾下就睡過去，有些孩子就會完全醒過來，也就是我們俗稱的「夜醒」。

另一個特性是寶寶的「做夢睡眠比例較高」，新生兒有高達五〇%以上的時間在做夢期。隨著月齡增加，孩子的睡眠週期會愈來愈長，做夢睡眠的比例也會慢慢下降。到一歲時，做夢睡眠的比例大約

不同年齡層的睡眠總時數與睡眠階段比例

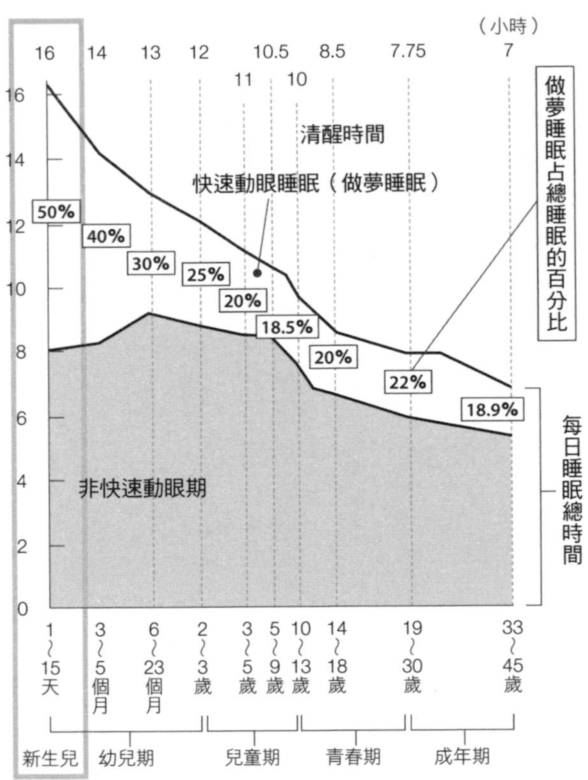

出自：《0～6歲好眠全指南》，吳家碩、王佑筠著，時報出版

會下降到三〇％，而成人大約是二〇％。這就是為什麼寶寶的睡眠常常看似不安穩、常常躁動的原因。

為什麼會有做夢睡眠的設計？

這時候爸媽可能會問：「可是熟睡眠不是比較好嗎？為什麼要有做夢睡眠呢？」

這樣的「設計」，研究者認為跟「大腦發育」有關。做夢睡眠這個階段，腦中的神經連結會非常活躍，像啟動高速功能活化這些通道。你可以將這個階段的睡眠想像成提供電流養分，如同忙碌的高速公路般增加腦中更多神經連結，努力為大腦發育運作。這也是為什麼我們會一再強調，充足的睡眠（包含做夢期）對於寶寶大腦發展有很重要的影響。

所以不用擔心寶寶夜晚的躁動是因為睡得不好，如果排除環境、生理因素，這是寶寶發展的自然現象。淺睡眠和熟睡眠各有其功用，寶寶長大後，熟睡比例會自然的增加。

夜晚睡眠週期

我們用以下這張圖來跟大家說明什麼是「睡眠週期」。為了方便理解，這張圖有經過美化，一般的睡眠週期沒有這麼規律。此為成人版本示意圖，孩童的睡眠淺眠比例更高，一晚經歷的睡眠週期更多，也會隨月齡成長變化。

★快速動眼期

八〇%的夢境皆發生在快速眼動睡眠期，大腦此時像清醒時一樣活躍，眼球轉來轉去，寶寶會在此時發出聲音（常見是哭泣）、翻

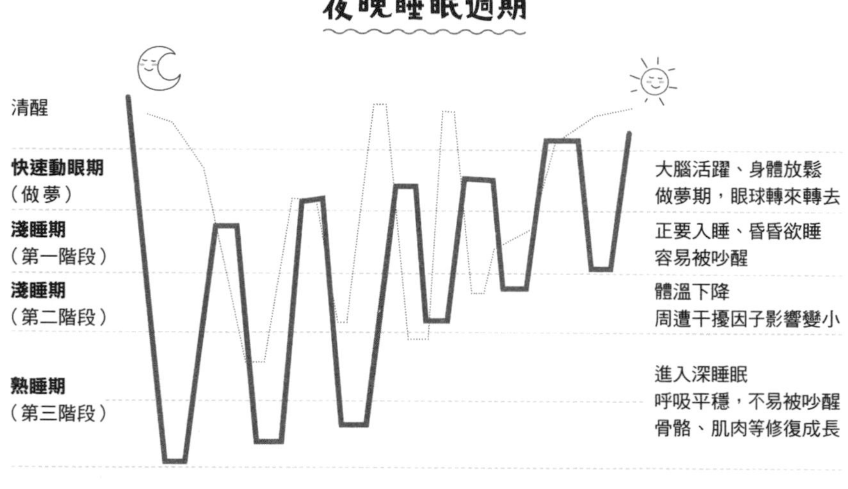

此為成人睡眠週期示意圖，孩童的睡眠淺眠比例較高，
睡眠週期也更多，僅為參照用。

出自：好眠寶寶，寶貝的睡眠顧問

身、手腳揮舞、呼吸變大聲等，乍看之下很像「半清醒」狀態。很多爸媽在此時誤以為孩子醒了，趕緊過去安撫，反而真的把孩子吵醒。

★淺睡期（第一～二階段）

淺睡期即剛進入睡眠，這時候很容易被外在的聲音、動態吵醒。哄睡的家長在此時放下孩子就會發生「一沾床就醒」的狀況。淺睡期（第二階段）眼皮下的動眼愈來愈少，對外在環境的干擾也會比較沒反應。

★熟睡期（第三階段）

此階段叫做慢波睡眠，因為腦波變寬大。這個階段是熟睡期，功能是傳統對於睡眠的定義「消除白天疲勞」、「修復身體」。

睡眠週期的階段並非平均分配，無論大人小孩，上半夜的熟睡眠比例比較高，下半夜淺睡眠、做夢時期的比例比較高。所以爸媽可能會發現，孩子下半夜比較容易夜醒、睡不安穩。

說了這麼多，到底跟寶寶的睡眠有什麼關係呢？其實只要了解上述原因，就能夠按圖索驥破解寶寶夜醒問題。以下便是幾個遇到寶寶夜醒時的重點：

1. **遇到夜晚的短暫躁動，照顧者「不需要」靠近安撫。**此時孩子很可能還在睡眠狀態，父母靠近反而容易吵醒寶寶。太多的干預會讓寶寶半夜更容易時常醒來，而變成習慣性夜醒。
2. **如果孩子是哄睡，會有比較高的機率在「接覺時」呼喚爸媽。**因為對孩子來說，爸媽哄睡是他的入睡工具，所以當孩子在轉換睡眠週期短暫清醒時，會更容易完全醒過來，要你再次哄睡他。所以爸媽

要有心理準備，在孩子能自行入睡接覺前，睡眠週期會常常被小孩打斷。這個時期會比較痛苦，因為寶寶醒來的時候常常落在大人的熟睡期。

3. **早睡！早睡！早睡！**上半夜熟睡比例高，下半夜淺睡眠比例較高。**如果孩子晚睡，整體睡眠週期循環並不會往後推，而是熟睡比例減少，淺睡眠比例增加**。這點跟我們強調早睡的重要性，孩子超過他的生理時鐘入睡（晚睡），會讓整體睡眠更加躁動、熟睡眠的修護效果變差。

4. 清晨四、五點時孩子特別容易醒過來睡不回去，但那不代表真的睡飽了。盡量在此時保持安靜、低互動，避免變成習慣性的早醒。

5. 因為睡眠轉換的關係，新生兒時期的天使寶寶，有可能會在四個月之後頻繁夜醒。

最後，也要提醒爸媽，睡不安穩除了本篇提到的週期因素之外，常常也跟環境、身體（過敏或感冒等）因素有關。

☆ ☆ ☆

在了解孩子的睡眠週期後，雅婷鬆了一口氣，知道自己的孩子並沒有睡眠問題。她轉而聊起自己的掙扎心事：

「老公有問我要不要回去上班，孩子找個托兒所送去就好。可是現在好多虐嬰的無良托兒所，如果發生什麼事，我怎麼原諒自己？而且寶寶還這麼小，媽媽不在身邊好可憐……。」

做媽媽，一定是犧牲嗎？

過程中，雅婷也和我談了她現在的生活。如同很多全職媽媽一般，雅婷的生活完全以照料寶寶的吃喝拉撒打轉。

「以前不知道照顧小嬰兒事情這麼多，睡醒要喝奶、喝完奶要拍嗝，過沒多久寶寶又要洗屁股、準備副食品、洗衣服，得空還得抽空帶小孩出去曬曬太陽。在路上看到外傭推著老人家曬太陽時，覺得自己跟傭人沒兩樣。」雅婷苦笑著對我傾訴：「原來當媽媽一點也不悠閒，整天忙得團團轉……。我好不習慣當媽媽的自己啊，Peggy 你又是什麼時候接受自己真的成為媽媽的？」

抱著孩子的我很幸福，卻不快樂

想起初為人母的我，也和雅婷一樣有著「抱著孩子很幸福，卻不像以前一樣快樂」的感覺。

這是一種衝突又矛盾的情緒。有了孩子後內心應該有很大的滿足感，某一塊卻仍空蕩蕩的。覺得自己「應該要」很幸福，不快樂的情緒似乎更多。現在想想，或許是內心感到委屈，覺得為孩子、為家庭犧牲了自己。

對我來說犧牲最大的是「自由」。從懷孕開始，我就失去身體的掌控權，不停害喜嘔吐，各種感官都被顛覆，還被醫生勒令無法下床。更不用說生產時腳開開，讓醫生護理師壓肚子、剪會陰，當時只希望趕快把孩子生下來，身體卻長久存在著任人宰割的羞辱記憶。

除了身體，小孩出生後全方位占領家中所有空間。手機相簿清一色都是寶寶照片，同樣的角度可以連拍十張也捨不得刪，自己卻愈來愈邋遢、不想拍照。原本的生活空間堆滿嬰幼兒用品，孩子才一歲，占領衣櫥的速度比三十多歲的我還快。

生活空間中都是孩子的物品，整天腦袋裡想著的也是寶寶，甚至半夜醒來第一個反應就是確認寶寶是否安好。與朋友談話的內容圍繞著育兒、教養，有時想和過去的同事聊聊天，卻無法與之共鳴。他們討論著職涯、升遷，這些對我來說都遙遠得像上輩子的事。同事們以為我過著悠閒的全職媽媽生活，還語帶羨慕。然而只有自己知道，某部分的我節節敗退，生活已沒有位置容得下自己。

從「犧牲者」轉變為「收穫者」

雅婷糾結的說：「我媽和婆婆都說，女人最終還是要回歸家庭。現在犧牲幾年很值得，等孩子長大，想上班再出來就好了。不過到時候離開職場這麼久，根本就回不去了。」雅婷苦笑著。這個犧牲幾年，可能意味著犧牲一輩子的職涯。

即便是二十一世紀的現在，職涯與家庭仍然是現代女性掙扎的課題。尤其是工時普遍高的台灣，下班之後接到小孩，彼此都已十分疲憊，更遑論有品質的相處時光。要能在職涯和家庭之間取得平衡，確實困難重重。職業婦女站在十字路口，一邊是選擇工作，「犧牲」與孩子相處的時間，錯過成長里程碑；另一邊是選擇家庭，「犧牲」職涯發展黃金期。

我也曾有那段「成全家庭」的時期，不知不覺中好像也成了犧牲者。無法像以前一樣說走就走、每天都睡不飽、不能像老公一樣繼續在職場發展、不能自己到處旅行、沒有時間好好閱讀一本書、看場電影……。當我著眼在「失去」時，就會有被剝奪、犧牲的感覺。

我忍不住開始怨懟伴侶，一點小事就能爆炸，對於他還能維持過去的生活，可以正常上班，不用整天餵奶、被寶寶綁著感到不平衡。這種充滿委屈的生活，當然快樂不起來。

大概在孩子一歲之後，我才逐漸走出陰霾，對於生活的快樂滿足感甚至多於從前。現在回頭看，最大的改變就是「心態」。人生中每個決定說白了就是「拿起」和「放下」，有時候我們會衡量哪個選擇「得」比較多，「失」比較少。**現實是，除非往前走，不然沒有辦法看到這段旅程會為你帶來什麼。**

要將重心放在職涯還是家庭，沒有絕對答案。因為每個人的人生意義、目標、資源、個性、家庭情況都不相同。更何況有很多事物沒辦法直接衡量好壞，別人眼中的寶物，可能是你眼中的敝屣；別人眼中的石頭，可能是你眼中的鑽石。

除了著眼在「失去和犧牲」之餘，也要記得當我們放下了一些，代表有餘力可以拿起另一些東西。當爸媽的生活不是只有失去，我們其實也「得到」了很多。

正視媽媽的價值，成為進階版的自己

以我自己為例，那段當家庭主婦的日子，我「體會到」什麼是無條件的愛、我「能夠」看到一個小生命在照料下慢慢成長、我「得到」好多過去生命沒有的感動、我「擁有」女兒全然的愛、我「多

了」一個與我血脈緊密相連的親人、我對人「擁有」更多同理心，並且「更加堅強，也更加柔軟」。

我這樣說，並非指女性乖乖在家當全職媽媽就好，不要出去工作。而是希望更多父母能「肯定」並「重視」自己付出於家庭的價值。我們處在以個人成就、經濟為上的社會，卻忽略了人生是由不同的階段和角色組成的，每個階段的人生比重原本就不同。

如果一直耽溺在過去的擁有、惋惜那些失去的，只會困在回憶與情緒裡頭，而看不到眼前的寶物。當然，還是偶爾會懷念過去的自由，但不需要一直沉浸在回憶當中，**因為我們不是回不到過去，而是成為一個進階版的自己。**

年歲長了，才發現人生的經歷是疊加上來的。過去的自己仍然存在，只是多了「父母」這個角色，必須培養新技能、儲存新的回憶，甚至開發潛能。這段經驗會為生命帶來不一樣的色彩，讓我們的人生更加豐富、創造更多難忘回憶。如果我們保持開放的心，願意從不同的角度看待媽媽這個身分，新的觀點、新的機會就會出現在眼前。這種生命的深厚底蘊，不管是職業媽媽、全職媽媽，都是在正視自己的價值後，才能有所體會的。

睡眠引導小提醒

1. 寶寶的睡眠特性是「睡眠週期較短」、「做夢睡眠比例較高」，所以容易夜醒或睡得不安穩。
2. 新生兒的做夢睡眠比例可能高達五〇％，一歲時大約有三〇％。當遇到寶寶短暫的睡眠躁動，照顧者先不需要靠近安撫，觀察寶寶是否有能力睡回去。
3. 盡可能讓寶寶早睡，可以增加整體睡眠的熟睡比例和睡眠時數。

第三章

長期抱搖睡，大人反而吃不消

月齡 0～5歲

睡眠主題 睡眠儀式、抱睡

小宓是一位職業婦女，孩子白天交由她的母親，也就是寶寶的外婆來照顧。但外婆因為長期抱睡、哄睡寶寶，身體愈來愈吃不消，因此希望能讓寶寶練習自己入睡、減少哄睡的需求。

小宓夫婦來求援時向我提到，他們想要的教養是「順應寶寶需求，同時兼顧大人生活」的育兒方式。她說：「我跟我先生很多想法還滿不確定的，由於是第一胎，還在摸索自己到底是怎麼樣的父母。能接受哄睡或陪睡的程度，甚至要不要下定決心引導寶寶練習自行入睡都還不知道。」

多數來尋求幫助的爸媽，一開始都希望寶寶能夠學會自行入睡。但只要深入聊聊之後，就會發現有些爸媽其實還不確定自己的目標。有些爸媽想要改善夜醒問題，但又想保留哄睡；有些爸媽想做睡眠訓練，但又怕訓練過程會傷害孩子安全感。

這是我們這代父母很常見的情況，網路信手拈來的資訊很多。當我們做更多功課、閱讀更多資料時，反而陷入一種「怎麼做都不對」的徬徨裡。

許多爸媽對於孩子睡眠的心路歷程是這樣子的：

滿足孩子所有的需求才有安全感→過度哄睡，養成睡眠問題→尋求睡眠訓練改善問題→嘗試睡眠訓練，寶寶嚴重哭鬧→爸媽擔心哭鬧不回應讓寶寶沒安全感，再次帶回哄睡→寶寶依然睡不好，影響發育或嚴重影響大人生活。

很多父母都有著這樣的心路歷程，在「滿足寶寶親密需求」和「大人生活品質」之間搖擺不定。小宓夫妻也是如此，既無法認同百歲育兒的做法放任孩子哭泣，也沒有體力或時間執行親密育兒的教養

方式。

百歲和親密這兩種風格恰恰落在光譜的兩端，而大部分的父母（包含我自己）其實都不屬於這兩種極端值。我自己作為嬰幼兒睡眠顧問的觀察是，**台灣父母教養風格大部分會落在中間偏親密的位置。**

要如何在這兩者之間找到一個平衡，或是下定決心做些改變呢？

這通常需要照顧者育兒的摸索，或「某個事件」觸發改變。我最常看到的例子有：照顧者回職場上班、媽媽體力精神無法撐下去、夫妻吵架，或寶寶睡眠問題惡化到難以忍受。

當抱睡寶寶讓長輩健康亮紅燈

小宓家庭的轉折點，就是支援他們照顧寶寶的外婆，因長期抱睡健康亮紅燈。在此之前，小宓的媽媽是雙薪爸媽的重要支撐，她一方面感恩母親協助育兒，另一方面又擔心她體力吃不消。

長輩疼孫，從孩子出生開始就養成要外婆抱搖睡才安穩的習慣。而這種抱睡，是從頭到尾抱著寶寶、完全不放上床。不只入睡時抱著搖，睡著之後也不敢放下來。白天小睡時，外婆可以抱著寶寶長達兩、三個小時。然而抱睡其實比奶睡更耗體力，是一種安撫程度高，又十分疲憊的哄睡方式。

當協助照顧寶寶的外婆因長期抱搖睡孩子，造成脊椎問題惡化，必須手術治療。對小宓來說母親跟女兒手背手心都是肉，竟然因為照

顧女兒，造成母親的健康問題，讓她感到相當自責。

尤其當寶寶月齡更大，對於照顧者的負擔愈來愈沉重。就連壯年的爸媽都未必吃得消，何況是上了年紀的長輩呢？我在心裡嘆了口氣，要改變長輩的育兒方式本身就很有挑戰。畢竟無條件寵孫的爺奶，比寵孩子的爸媽還多啊。

小宓知道不能再這樣下去，她說：「我決定留職停薪自己帶小孩，等四個月後再回去上班。一來讓我媽喘口氣好好開刀，二來也想趁我自己帶的這段時間，戒除女兒白天睡眠的不良習慣。」

這是小宓尋求睡眠諮詢的原因，她下定決心要戒除抱睡。不過在進入正題之前，我們先來看看：「抱睡是不是真的不好呢？」

抱搖睡，真的不好嗎？

抱睡是台灣家庭非常普遍的哄睡方式，通常抱睡還會參雜著些許的搖晃。

對於小寶寶來說，有節奏的抱搖彷彿回到媽媽肚子裡頭，在羊水包覆下，媽媽走路、活動時些微搖晃的感覺。這不只是幫助寶寶容易入睡，也是安撫寶寶的方式。我相信所有的父母都有經驗，當新生兒哭鬧時，我們會下意識地抱搖寶寶，幫助他們恢復平靜。

這種育兒方式，在早期延伸替代爸媽雙手的「搖籃」，所以說入睡前的歌曲叫做「搖籃曲」，而非入眠曲、雙手曲。而現代則有「電動搖床」協助解放爸媽雙手，但是電動產品畢竟價值不菲，有品牌的動輒五、六千塊，卻只能使用幾個月而已（有些寶寶還不買單）。

抱搖孩子是很自然且有效的安撫方式，著名的 5S 安撫法，還有我習慣用來安撫寶寶的茶包法，都有包含「些許搖晃」。因為這是模擬寶寶在媽咪子宮內，走路些微晃動的狀態，讓剛來到這世界的寶寶有重回子宮的感覺，能夠平穩下來。對小月齡的寶寶來說，抱睡也可以抑制驚嚇反射，寶寶比較不會因為驚嚇反射而醒來，睡得更安穩。

但是，抱搖睡的寶寶隨著月齡長大之後，容易面臨幾個問題：

1. 難進入熟睡期

在搖晃的環境雖然容易入睡，但如果睡眠中持續搖晃，會很難進入熟睡期。好眠師曾經嘗試挪威的臥鋪夜車，一路上搖搖晃晃，結果隔天醒來精神好差，完全沒睡飽。有些爸媽會發現，寶寶容易在汽車座椅、推車上入睡，而且還必須是「行進搖晃中」。但是在移動環境中的睡眠，寶寶卻不容易進入熟睡眠，睡眠品質比較差。就是類似的狀況。

2. 照顧者太吃力

寶寶長大，照顧者抱不動了。這個不多做解釋，孩子愈大，照顧者抱搖哄睡會愈吃力。

3. 一放床就醒來

抱搖睡的孩子，容易「一放床就醒」。這也是小宓寶寶遇到的問題，外婆曾經嘗試過哄睡後放床，但只要一放床，寶寶就會哭鬧醒過來。主要是因為寶寶感受到「環境變化了」，當周遭環境變化時，內心會害怕不安，醒來看看發生什麼事情。

4. 一睜眼就哭鬧

睡眠週期轉換時，寶寶發現自己不在照顧者懷裡，會哭鬧醒來。這個情況跟第三點類似，有些寶寶在熟睡時沒有察覺被放到床上，但是在睡眠週期轉換時，處於淺眠或半夢半醒狀態，發現周遭環境跟入

睡時不同了。試想，如果自己在入睡時躺在臥房床上，醒來時卻在客廳，你會不會覺得莫名其妙，想知道發生什麼事？對寶寶來說，這樣的驚嚇第一反應就是「哭泣」，呼喚爸媽來回到他入睡時的「狀態」，也就是我們的懷裡。

以上的問題，其實會回歸到自行入睡的核心，就是在入睡、接覺狀態都要保持「環境的一致性」，這也是為什麼不建議長期抱搖哄睡寶寶的原因。即便在小月齡時期難以避免，但也應該要隨著月齡增加，轉換成其他入睡方式。

抱睡寶寶更有安全感？

關於抱搖睡還有個迷思，是爸媽認為這樣才能帶給孩子長期的安全感。有非常多的爸媽跟我說自己的孩子是高需求，如果沒抱著睡就會哭鬧、會沒有安全感。

其實從孩子的角度來看，持續的抱搖睡反而不容易建立長期安全感。當孩子有時候醒來是在爸媽懷裡，有時候在床上，不統一的做法會讓寶寶產生混淆。**寶寶注重秩序和熟悉感，照顧者要盡可能提供一致性的做法，而不要讓孩子摸不著頭緒**，不知道你何時會走掉。這種無法預知照顧者會不會在身邊的狀態，有時候會延伸為「頻頻夜醒，確認爸媽在身邊」或是「抗拒入睡，害怕睡著之後照顧者就不在了」的狀況。

另一個影響因素，是我在學習正念睡眠時意識到的。有些寶寶之所以被認定為「高需求」，其實是因為父母的內心（常常是媽媽）有「寶寶要被抱著才能睡」、「如果哭泣就會造成心理傷害」這類的想法。其實某些遭爸媽誤以為很難搞、很難睡的孩子，並非真的難睡。

只要提供適合的環境、作息和入睡方式，當寶寶養成習慣之後，可以睡得比其他孩子還要好、白天更愛笑，且更有精神。

這類型的案例，常常是因為爸媽有「如果沒有我，孩子無法入睡」或者是「哭泣等於被遺棄」的念頭，**這些念頭像是種子一樣在我們心中發芽，成為育兒的恐懼和阻礙**。在面對孩子的睡眠問題時，就會有「孩子就是沒有安全感，才會一直醒來確認、才會一放就醒」的想法。

育兒相關的討論板上，若有人提出寶寶的睡眠問題，常常在還不知道主文中的實際問題時，就會有網友留下「寶寶睡不好，就是因為沒給夠安全感」等言論。這樣的觀念像木馬程式一樣藏在很多人心中，也間接造成新手爸媽無形的壓力。然而畢竟不是每個人都能找到後援，或有體力一直抱著孩子睡覺。直接把睡不好和安全感不足劃上等號，反而難以找出睡眠問題真正的原因。

難道父母不能抱搖孩子嗎？

寫到這裡，可能會有另一派的人跳出來說：「孩子就是不能抱，不然會養成習慣！」

且慢，其實我並非提倡不要抱小孩，反而認為要常常有這樣的肢體接觸，因為這是讓孩子感受到爸媽關愛最原始的方式。我自己就超愛抱寶寶，享受把孩子摟在懷裡的感覺。我的孩子至今還是三不五時要求親密擁抱，外加「我愛你、啾啾」等肉麻爆表的互動。想想看，能這樣抱著孩子，彼此黏膩的時光又有多久呢？

當寶寶哭泣時，我們當然還是可以用抱搖的方式安撫小孩。但重點是，**要理解哭泣背後真實的需求，而不是一味抱搖安撫**。平常即便孩子沒哭泣，也可以多多擁抱孩子，因為擁抱並非只是安撫孩子的利

器，也是很好的互動方式。

如果爸媽擔心抱孩子會養成習慣，而總是哭了才抱。久而久之，寶寶會有「想要爸媽抱我，就哭泣爭取」的錯誤連結。我們要做的是**平常就和孩子有足夠的肢體接觸，也營造長期且有愛的家庭氛圍，來建立穩定的安全感。而不是把抱搖當作入睡的工具，讓孩子養成睡覺就得抱著的習慣，彼此都累垮。**

回到父母心中的種子，請告訴自己：「當我想展現對孩子的愛，就大方擁抱他。」**因為父母的擁抱是出自於純粹愛的悸動，而不是害怕孩子哭泣的恐懼。**

同樣的行為，源自不同的信念，分別代表著「愛」與「恐懼」；**我們要種下愛的種子**，而非恐懼的種子。此時的種子會左右父母後續的判斷，也影響孩子怎麼看待「睡眠」、看待「親子關係」。

如何讓孩子知道該睡覺了？

過去，小宓的寶寶都是透過大人擁抱來知道睡覺時間到了，拿掉這項「工具」對大人來說很不安。

「孩子已經習慣抱著入睡，該怎麼讓他知道要睡了呢？」

「我們覺得女兒白天好像連自己該睡覺了都不知道，所以很難想像要怎麼改變。」

小宓的疑問，也是很多父母的疑問：**「到底要怎麼讓孩子知道該睡覺了呢？」**關於這點，我們就從「睡前準備」來下手。

不會看時鐘、語言能力有限的寶寶，是透過爸媽的行為、部分的言語，還有環境來理解事情。他們喜歡有規律、有預期的行為，這能讓寶寶有安全感。由於白天的睡眠驅動力會比夜晚還弱，如果睡眠環境仍然和活動清醒時一樣明亮、吵鬧，寶寶很難認知到「該睡覺了」。也因此，不少照顧者會用抱搖奶等方式來哄睡。這幾種方式之所以有用，除了具有高安撫的效果之外，也能很有效的「阻絕外在干擾」。畢竟一頭埋進照顧者的懷裡，也很難東看西摸繼續玩耍，這是很強烈的環境暗示。

當然我們並不希望每次孩子入睡前都要照顧者抱搖奶，所以爸媽要建立一套睡前準備，來「暗示」和「引導」寶寶知道是時候睡覺了。這項準備就叫做睡眠儀式，也就是在入睡前安排相同的場景、事件、順序。最佳的場景是臥房，寶寶的臥房應該要昏暗、涼爽、安靜。照顧者在接近睡眠時間時，就把寶寶帶進臥房，睡前從事一系列溫和活動。

睡眠儀式的焦點在於彼此的互動，關鍵是「關心」、「專注」、「陪伴」，而不是像趕羊一樣，把所有事情一口氣完成。這種儀式的優點很多，最主要的是可以幫助孩子睡前身體放鬆。現在的生活刺激很多，孩子睡前常常是精神緊繃，或處於亢奮的狀態。在睡眠儀式中放鬆肌肉，並避免不必要的聲光刺激，就像是讓身體機制告訴孩子該睡了。孩子喜歡規律可預期的行為，睡眠儀式也可以讓孩子安心，增加安全感。

如何準備睡眠儀式？

夜晚睡前一至兩小時都不適合從事太激烈的活動，也最好不要接觸電視、手機。3C產品的藍光會阻礙褪黑激素分泌，就寢前半小

時，就可以把孩子帶進房進行睡眠儀式，避免外在干擾。

一般來說，睡眠儀式的時間以三十分鐘為佳，月齡小的孩子可以再短一點，年紀較大的小童，則有機會拉長到一小時。大孩子第一次執行睡眠儀式前，可以先在白天溝通睡眠儀式的內容，比方說唸三本書、睡前唱一首晚安曲等……，讓孩子事先知曉，並參與決定。除了加強好好睡覺的承諾外，也避免睡眠儀式結束了，孩子卻討價還價不肯躺下睡覺。

睡眠儀式的內容請以溫和活動為主，我以輔導家庭的經驗用月齡來區分，一歲前、一到兩歲、兩歲以上的寶寶適合的儀式內容。每個家庭都可以發展適合自己的睡眠儀式，並不需要照表操課。以爸媽、孩子執行得順暢自在為主。

★一歲以內的小嬰兒

剛出生的寶寶還沒有足夠的語言理解能力，主要是透過我們的行為和情緒來理解事情。所以，這時候的睡眠儀式內容多強調「**肢體的碰觸**」。可以將肢體接觸想像成「與爸媽身心連結的過程」，透過這些行為，讓小嬰兒感受到父母的愛，然後安心的入睡。

有人曾問我是不是不能在睡前「抱」小孩，因為會造成睡眠依賴？這其實是誤會喔！事實上，我滿鼓勵進行睡眠儀式時，爸媽和寶寶有多一點的互動跟肢體接觸。一歲以內的小寶寶，我們可以選擇且不限於以下內容的睡眠儀式：**換睡衣**、**洗澡**、**按摩**、**餵奶（放在一開始）**、**刷牙齦**、**擁抱**、**說話**、**唱歌**。

★一～二歲的小童

這時候的寶寶活動力愈來愈旺盛，我們的重點會放在「**準備入睡**

的心情」和「**緩和寶寶的情緒**」。也就是說，避免太嗨、太興奮的活動內容，就很像我們大人剛唱完歌，也很難馬上倒頭大睡，是吧？

幫助孩子進入睡前的心理準備，是這個月齡的目標。這時候的寶寶，除了先前的活動，還可以增加共讀、唸故事的比例。

★二～三歲以後的孩子

隨著孩子的語言能力愈來愈好，我們可以開始把睡眠儀式的重點放在「**聊天互動**」和「**共讀**」上。除了爸媽講故事，也可以引導孩子唸繪本的圖片，或是引導孩子講話、聊聊學校的事。

以我的孩子來說，二至三歲時的睡眠儀式簡化成兩件事：共讀和聊天。唸完故事書之後，我就會讓女兒決定要聊的三個主題。這三個主題會由她自己決定，媽媽就在一旁聽著，偶爾提問。我每天都很期待女兒的分享，無形中也知道其他照顧者跟孩子一起進行的活動，以及小孩的觀點。

大約到三歲之後，我就會增加**情緒辨別**的主題，邀請孩子觀察他當天的活動對情緒造成的影響。

☆ ☆ ☆

夜晚的睡眠儀式大約是三十分鐘至一小時，白天的睡眠儀式可以是五至十五分鐘，依照孩子的月齡、照顧者的時間都可做彈性安排。以小宓十一個月大的寶寶小睡難入睡的情況為例，我會建議小睡儀式至少要十分鐘。並且在做睡眠儀式時用言語告訴寶寶：現在爸媽幫你按摩、唸故事書，等一下就要睡覺囉！

睡眠儀式無法立竿見影，需要長時間養成習慣。爸媽要有耐心幫助孩子建立觀念：睡眠儀式不是玩耍，而是要準備上床睡覺了。

睡眠儀式沒有標準答案，每個家庭都可以找自己喜歡的方式，但是要掌握三個原則：

原則一：避免過累才進行儀式

原則二：進行溫和的活動、減少周遭刺激

原則三：保持內容的一致性，且有規律

許多家長會發現儀式時孩子根本靜不下來，很有可能原因是出在進房時間太晚，或者是周遭環境依然精采刺激。當孩子已是過累狀態，情緒容易興奮焦躁，就更不容易好好進行睡眠儀式。此時重點應該放在「調整作息」，而不只是依靠睡眠儀式準備入睡。

建立習慣，孩子學會表達想睡覺的心情

在我們結案十天之後，我收到小宓的來信：

「今天天氣很好，一大早，我們帶著孩子去大安森林公園練習走走，九點多就在推車上小睡。下午也在家睡了一次，小睡完又帶她在家附近練習走走。今天比較累，六點二十就開始洗澡、準備睡眠儀式；六點四十在地墊看一下書，也是睡眠儀式的最後階段。此時孩子竟然自己把手放到耳朵旁邊，並且發出「睡覺」的發音！我跟老公都嚇了一跳，放上床之後，孩子大概十幾分鐘就睡著了。實在是有趣又神奇，所以想跟你分享這個小插曲。」

看起來小宓的孩子在父母一同努力練習後，已經能夠認知到睡眠儀式，而且主動表達想要睡覺的心情了！

睡眠引導小提醒

1. 抱搖能有效安撫寶寶、幫助入睡，不過也可能導致寶寶在睡眠時產生需要抱搖的依賴。
2. 當寶寶醒來時有時在爸媽懷裡、有時在床上，不統一的做法容易產生混淆。可藉由睡眠引導練習，讓寶寶習慣在床上自行入睡。
3. 睡眠儀式可以幫助寶寶，建立入睡前的預期性、規律性，做好身體和心理的睡眠準備。
4. 睡眠儀式的重點在互動過程中，保持關心、專注、陪伴，爸媽應避免在睡眠儀式中人在心不在、分心做自己的事。
5. 如果寶寶在睡眠儀式特別躁動，可能是進房時間太晚，或者周遭環境太過刺激。需要在作息跟環境上同時改善，才會看到效果。

第四章

哭了就要抱？爸媽與孩子之間的情緒界線

月齡 ☾ 4個月～5歲

睡眠主題 ★ 情緒界線、陪睡法、CIO

成為好眠師之後，時常會有心焦的父母問我這樣的問題：「孩子很固執，要東西不給就一直哭、不肯睡，該怎麼辦？」這種時候，孩子要的東西可以是任何哄睡工具，常見的有奶、奶嘴、照顧者的抱抱、拍、搖、陪躺。

特殊的，則有必須要開車出門、伸手捏爸媽的肉、扯頭髮，或要爸媽唱歌、玩蘿蔔蹲、聽抽油煙機聲……。旁人聽起來覺得俏皮，但夜深人靜時，爸媽還得開車出門哄睡小孩，或身上肌膚被捏得瘀青，爸媽真的是欲哭無淚。

與「哄睡」相對的是「自行入睡」。所謂的自行入睡，指的是不依靠外在工具、可以自行平靜入睡。我想若孩子能自行入睡，多半的爸媽自然不會選擇哄睡。姑且不論哄睡可能延伸的睡眠問題，對照顧者來說，寶寶若能自己入睡，就可以多出很多追劇、做家事、放空休息的時間。

那為什麼許多家庭最後還是會選擇哄睡呢？原因之一是「如果不哄睡，孩子就會哭啊」、「看孩子哭成這樣，於心不忍，若孩子因此失去安全感，以後會不會個性偏差？」

然而，「好好睡覺」是全家人的基本生理需求，我們確定爸爸媽媽都有這個共識，再來討論引導過程中遇到孩子哭泣時，可能會有的阻礙。目標很重要，如果知道「自行入睡」是長期的目標，爸媽對於短期的哭泣，就會用不同的心情看待。

讓孩子哭累，就會自行入睡了？

Sonia 也是類似的哄睡媽媽，十個月大的兒子夜醒時需要爸媽用

奶、奶嘴、抱搖回應，後半夜也睡得不穩躁動。長期下來，全家都好疲憊，家庭氣氛也變得極差。

當她來尋求協助時，特別說明無法接受 Cry it Out（以下簡稱 CIO）的做法，曾經試過五分鐘就受不了。

CIO 在台灣廣為人知應該是從百歲派開始，這是一種針對嬰幼兒睡眠問題所進行的行為治療。簡單來說，是睡眠訓練的一種方式，操作方式就是到了睡覺時間，大人把寶寶放到床上就離開，中間不需要回應探視，一直到寶寶能靠自己入睡。這種方式聽起來容易，做起來卻很難。

國外的嬰幼兒睡眠顧問很常提倡 CIO，也將 CIO 視為最有效、迅速的一種方法。在某些國家的衛生單位，甚至會直接推薦給家中寶寶有睡眠問題的爸媽。

讀到這裡，台灣的爸媽可能會搖搖頭，覺得無法接受。的確，CIO 對於比較傾向親密育兒的華人家庭來說很違背常理。現在也有不少育兒專家、網紅部落客大肆批評這樣的方法。不過在嬰幼兒睡眠顧問的培訓中，我們需要研讀各家支持和反對 CIO 的研究。從各種研究資料來看，CIO 的益處還是多於壞處，畢竟許多家庭的睡眠問題，是旁人難以想像的急迫。

我本身不反對 CIO，但幾乎不使用這個方法。因為我自己也是親密且感性的媽媽，要聽孩子哭泣又完全不進房探視，我也做不到。當自己都做不到了，更遑論指導別人去做。所以，我也不傾向介紹給尋求幫助的家庭使用。

問題是，當進行睡眠引導時孩子哭鬧不休，爸媽自然有去哄睡他的直覺反應，執行睡眠引導便充滿了阻力，這時該怎麼辦呢？

設定情緒界線，不讓哭泣成為勒索

情緒勒索這句話說得有點重，我們也知道，寶寶並不是刻意用哭泣來勒索父母。想當然耳，寶寶沒有這樣的心機，他們只是用簡單有效的方式來表達渴求。

為什麼很多孩子在某位照顧者面前會比較容易哭鬧、固執，通常是因為他發現當想要什麼東西時，可以用哭泣來改變父母的行為。當孩子發現哭泣很有用，就會持續這樣的行為模式，這是人性。

轉換至睡眠問題上，就會演變成無止境的哄睡！不少父母會說自己的孩子「不抱著不行，孩子一放下就哭」。但反過來說，會這樣其實是因為父母「一哭就抱」。孩子覺得哭泣有用，就會自然的用哭泣要求你抱他。所以我們在面對孩子哭泣的情緒時，要先清楚在你和孩子之間，需要有條清楚的「情緒界線」。

「情緒界線」的意思是，每個人的情緒都是自己的。當孩子哭泣時，我可以清楚的知道，那是孩子的情緒，不是我的。孩子的情緒不是父母的責任，孩子情緒不好，不代表你是失敗的父母。我們依然可以陪伴和支持孩子，但重點不放在止哭。

我們沒有要阻斷孩子表達自己的情緒（所以不阻止他哭泣），長久來說，你的「支持但不干涉」，才能幫助孩子辨別及處理自己的情緒。大人也不至於被情緒勒索，能執行教養方式。

以生活教養來說，當孩子躺在超商地上大哭踢腳時，我們帶離現場陪伴他，等情緒平穩後說明原因（支持）。但並不因怕他哭鬧，而買給他想要的糖果餅乾或玩具（設定界線）。這是讓孩子知道，父母並不會因為你的哭鬧，而任憑你予取予求。

以睡眠引導／訓練來說，我們仍然會去回應孩子（支持），但並不因為哭泣回到過去奶睡、抱睡的狀態（設定界線）。這對孩子來說，雖然他得不到想要的，但仍能感受到父母的支持。

找到適合教養風格的睡眠引導

對 Sonia 一家來說，他們給予孩子的支持是陪伴，界線是不帶回抱、搖、奶的方式哄睡。

我們過程中做了一些調整，在比較困難的白天改採低安撫程度的陪睡，這對孩子和父母來說是比較可接受的方式。**陪睡無法避免孩子哭泣，但心裡的支持度不同。**孩子還是會因為爸媽沒有抱、搖、奶而不習慣，但是他們知道，爸媽依然在身邊陪伴。我們愛他，只是要換個方式入睡而已。

在執行陪睡法時，照顧者可能會發現，孩子會因為陪睡的人不同，而有不同反應。有些寶寶非要主要照顧者陪伴才能入睡，有些寶寶在比較親密風格的照顧者面前，會更加困難。

所以我們在執行陪睡時，也要依照孩子的反應來做調整，並不是每個家庭都適合。有些家庭陪睡，反而會搞砸計畫。另外，即便是陪睡，孩子也需要在自己的床入睡，**「同房不同床」是基礎原則**。

陪睡的方式僅適合特定家庭，需要照顧的細節也比較多。從這裡可以知道，睡眠引導並非一招走天下，而是在了解自己、觀察孩子、認清現實狀況後，所調整的做法。

寶寶哭泣時，大人需要回應嗎？

Sonia 除了是執行親密育兒的媽媽之外，同時也是位諮商心理師，正在美國念心理治療相關的博士班。我們在做睡眠引導的過程中，她還在學校教授親密理論。

而 Sonia 十個月大的寶寶個性比較堅定，訓練初期，孩子有著很激烈的抗議。這讓白天在學校教「避免孩子哭泣，夜晚自家孩子卻一直哭泣」的 Sonia 來說，充滿矛盾與掙扎。Sonia 本身已經為孩子的睡眠困擾許久，不完全認同親密教養中「不讓孩子哭，才有安全感」。

但對於孩子的哭泣，還是有萬分掙扎。為此，我們做了幾次關於「情緒」和「回應」的討論。

哭泣是情緒的一種表現，每種情緒都很重要

當我們談起「情緒」時，著眼的不只是孩子的情緒，還有父母對孩子哭泣時的情緒反應。

我曾進修一套正念（Mindfulness）與睡眠關係的課程，其中一項功課，是檢視父母自己的觀點。我在那時候重新回顧自己對於「哭泣」的觀點，可能源自於小時候，大人對於我們哭泣的態度。

跟許多三、四十歲的世代一樣，我們小時候哭泣時，大人就會說「不要哭」、「不準哭」、「再哭就揍你」。所以，我們很直覺的認

為哭泣「應該要避免」，因為哭泣代表「負面、悲傷」的情緒。**哭泣被我們放進情緒記憶中，一個最好不要打開的抽屜裡。這樣的習慣，在我們成為父母時，變成育兒的直覺，就是要「避免孩子哭泣」**。再加上就生理結構來看，成為父母之後大腦也會對孩子哭泣產生焦慮不安的反應，所以自然而然會有以下的反應：

當孩子傷心難過的時候，爸媽說：「不要哭，給你吃糖果、看電視好不好？」

當孩子因為疲憊大哭時，爸媽說：「不要哭，爸媽抱抱。」

當孩子想吸引注意力大吼大叫時，爸媽說：「不要吵，大人正在講話。」

當孩子得不到想要的東西，亂摔玩具時，爸媽說：「不要生氣，你再摔我全部丟掉。」

不要哭、不要吵、不要生氣。**當我們說這些話時，是希望孩子不要有負面情緒，還是不要「表達」負面情緒呢？**

我想多數的爸媽是前者，單純希望孩子快樂，不要有太多負面情緒。所以我們希望幫他去除眼前阻礙，甚至排除掉所有負面情緒。

但是，如果重新回到「支持孩子」的本質，會發現「避免孩子哭」是不可能，也不健康的任務。因為每種情緒都很重要，都需要現身。就像「腦筋急轉彎」裡的表達情緒的重要小尖兵，情緒不分好壞，所謂的好與壞，是我們幫情緒貼上的標籤。

作為父母，我們要避免幫情緒貼上標籤，而是要支持孩子去體驗每種情緒。每一種情緒都很重要，父母對於各種情緒的包容，不帶著批判、不過度干涉，反而能幫助孩子的神經系統回到平衡狀態。讓

每種情緒正常展現，孩子才會有相對完整的成長。畢竟，孩子總會長大，他需要有足夠的情商來面對人生的起伏、社會的現實。

這點說來簡單，但執行起來非常不容易。因為這代表大人需要去理解孩子哭泣背後的原因，接納、陪伴、支持度過「情緒體驗」，但又不過度干擾。在一開始，大人會需要花更多的時間去陪伴孩子的情緒體驗。

不回應，會不會導致心理不健康

聊完情緒，我們來談談回應。許多害怕孩子哭泣的父母擔心，如果長期在孩子哭泣時不回應孩子，會影響孩子往後的人格發展。

這個論調的立基點是在於，父母「長期」忽視寶寶的需求，不滿足他的需求。比方說，當孩子肚子餓、尿布髒了、周遭有令他恐懼的事物時，照顧者都不給回應。這裡的重點是著眼於「長期」，不是說偶爾沒滿足到，就會影響孩子一輩子。

那什麼是孩子的需求呢？

許多爸媽看的是立即需求，比方說孩子哭了需要我們，所以要趕快抱他起來。但潛藏在表象深處，孩子的「睡眠需求」卻長期遭到忽視。如果孩子因為長期哄睡、不正確回應而延伸出睡眠問題時，也代表他的「睡眠需求」被剝奪了。

對於許多家長來說需求的定義很模糊，究竟孩子哭泣討安撫是需求，還是讓孩子睡得好才是需求？到底要怎麼取捨？這就牽扯到爸媽的育兒價值觀、孩子睡眠問題嚴重程度，和家庭的現實條件。

比方說，有些孩子平常睡得不錯，但那陣子會半夜哭醒。那我會建議要回應，了解這種「不尋常狀況」背後原因是什麼？

比方說，孩子長期夜醒，需要爸媽哄睡接覺。但是爸媽每天需要開車兩小時上班，或者從事需要高專注度的工作（例如：機師、工地經理等），那我就會建議要立即改善這樣的問題，畢竟睡眠不足，對爸媽的工作安全有危害。

比方說，一家人剛搬家，孩子對於新環境陌生恐懼而睡得更差，我就會建議要先陪伴孩子度過這個適應期，再來著手睡眠引導。

比方說，奶睡的媽媽累到身體出問題住院，夜晚仍不安心，拖著病體回家餵奶，就會需要改善哄睡狀況。

又比方說，孩子長期拖延入睡，導致白天精神不佳影響課業和身體健康。但要讓他早睡卻總是失敗，孩子會哭鬧不依。那我會建議爸媽，目標要放在孩子「長期的睡眠需求」，我們用短期的哭泣抗拒，來換長期的睡眠健康。

這幾個比方都是曾來求援的真實故事。每個家庭都有自己的故事背景，沒有身在其中，就無法體會當事人的難處，這不是用一種教養論點可以全盤推翻的。

給予空間，也是對孩子的信任

當父母可以正確看待孩子情緒時，也代表你信任孩子做得到。以睡眠來說，就是做得到「自行入睡」、做得到「減少夜醒」、做得到「接續睡眠」。

有了這種信任，就會放寬心給予孩子練習的空間和時間，而不是緊緊控制進度，或因過程的起伏而失去信心。如果父母內心深處覺得自己的孩子做不到，認為寶寶唯有靠大人才能睡好覺，那孩子自然也會導向睡眠依賴。

父母與孩子的行為往往是彼此影響，當我們想改變孩子的行為時，可以先檢視自己的信念。我想成為什麼樣的父母？自行入睡對我來說是什麼意義？我希望和孩子建構什麼樣的關係？

回到原點重新確認，會讓你的教養之路變得很不同。

好好睡覺，讓家庭生活回歸正常

很多人以為當爸媽就是要「熬」，犧牲幾年睡眠、犧牲一點自己，來成就我們認為正確的教養風格。但我們應該根據實際現況，來選擇適合的教養模式，並從中學習、從中調整。如果勉強自己套入特定的教養，就像穿上不合腳的鞋子，走起來搖搖晃晃，一不小心，還會跌個狗吃屎。

尤其在我們的文化當中，推崇「辛苦」、「認真」做某一種角色，而睡少一點常常是認真的表現。無論是工作還是育兒，忙到沒時間睡覺彷彿成了某種稱職的讚美。

但是，好好睡覺、好好吃飯、維持運動習慣，這些看似微不足道的小事，掌握了我們的健康和整個家庭的氛圍。睡眠不應該被犧牲，睡眠不足不只危害健康，也會增加我們生活中發生意外的風險。我成為好眠師之後有個原則，就是所有的事情都沒有「睡眠」重要，我不再因為工作沒做完就熬夜來做，也不再參加夜晚的聚會，以免拖延到

入睡時間。

除了小孩生病需要額外照顧時會睡得比較少之外，睡眠是我第一要保護的行程。我會因為要睡覺推掉廠商合作邀約、拒絕到手的客戶。這樣的堅持，讓我在白天有清醒的腦袋、穩定的情緒，來處理大大小小的事情，也有耐心陪伴孩子和家人，生活變得更有品質。

☆ ☆ ☆

Sonia 一家在睡眠訓練後，維持白天陪睡、夜晚分房，讓孩子自行入睡的彈性方式。晚上大約連睡十一小時，白天也有兩小時以上，Sonia 笑著說，這比她預期的還要好。

以前因為翻譯書籍侷限的關係，會讓「睡眠引導（訓練）」、「親密育兒」處在對立面，好像照顧者只能在其中擇一。Sonia 並非我遇到第一組親密育兒的媽咪，事實上半數以上的合作家庭，都是比較偏向親密育兒的。但親密育兒和自行入睡還是能達到一個平衡點，我自己一家就是最好的例子。我們和孩子十分親密，也不常拒絕孩子，但是對於何時該睡覺、睡覺的規矩抓得很嚴謹。

所以，每個家庭都有它獨特的「平衡點」，這個平衡究竟落在哪裡，需要父母對自己、對伴侶、對孩子有充分的了解及耐心。世上沒有絕對完美、適合所有孩子的理論。如果能抱持開放的心態，就會發現育兒之路寬廣許多，也不會輕易對其他家庭的狀況指手畫腳。

睡眠引導小提醒

1. 避免幫情緒貼上標籤，支持寶寶去體驗每種情緒。父母對於各種情緒的包容，不過度批判、干涉，反而能幫助寶寶神經系統回到平衡狀態。
2. 「回應」能讓寶寶感受到父母的支持。睡眠引導中，爸媽仍然可以回應寶寶，但不因哭泣停止引導，回到過去哄睡狀態。
3. 「睡眠需求」與「心理需求」一樣，都需要被重視。好好睡覺，讓家庭生活回歸正常。

第五章

建立好睡環境，改善短小睡問題

月齡 4 個月～5 歲

睡眠主題 睡眠環境區隔、短小睡

雨薇第一次寫信給我時，是台灣半夜兩點多。雨薇有兩個孩子，大寶兩歲，二寶六個月，都是男孩。她住在婆家在鄉下的透天厝，全職照顧兩個孩子。在我回信後，雨薇消失了好一段時間，隔了兩個月才又來信。

那封信很長，反反覆覆敘說著孩子睡不好、她怎麼回應都沒用的無奈，筆觸充滿著糾結。雨薇的丈夫因為孩子夜醒哭鬧，和她吵了架，覺得全職在家連孩子睡覺都搞不定，影響到他白天工作的精神，於是氣呼呼的搬到客廳睡。

雨薇雖然住在婆家，但公婆自己開店做生意也很忙碌，沒有後援可以協助她帶兩個小孩。未出嫁的小姑住在同一個屋簷下，有時會陪大寶玩，但也不時干預雨薇的育兒方式。

孩子白天的睡眠環境是客廳，用遊戲墊圍起來作為睡床。孩子累的時候雨薇抱起來哄睡，再把他放進遊戲墊中。但最近入睡時的哭鬧愈來愈多，就算睡著了也半小時就醒。孩子一整天情緒都不好，黃昏時脾氣更是焦躁難帶。

偏偏丈夫下班時，是孩子一整天情緒最不穩，也最疲憊的時候。晚餐時刻常常讓雨薇膽戰心驚，深怕孩子又暴走，婆婆和丈夫擺出「帶個孩子都不會」的眼神，像利劍般一次次的刺進雨薇的心臟。

雨薇的婆婆曾經這樣對她說：「照顧小孩是女人的事，賢內助就是要把家裡顧好，不要影響到男人工作。」

婆婆是傳統且能幹的女性，年輕時邊支援公公的生意，邊把小孩拉拔長大。因為婆婆自己就是這樣「苦」過來的，對於雨薇只要在家

帶小孩不必出門上班，不時笑稱她是「好命人」。

☆ ☆ ☆

跟雨薇約好視訊那天，她帶著一臉倦態，遲到了半小時才出現。雨薇看起來不過三十出頭，但神態彷彿經歷了不少風霜。

雨薇解釋她遲遲沒跟我聯絡的原因是，跟丈夫「討論」了兩個月，終於同意讓我協助孩子改善睡眠問題。她不安又帶點不好意思的問：「睡眠訓練真的有用對嗎？」原來是雨薇的丈夫叫她別亂花錢。但雨薇詢問了曾找我求助的其他媽媽，再加上小姑看到好多媽媽都留下正面評價推薦，才成功說服丈夫。

不知為什麼，我想到韓國電影《82年生的金智英》，裡頭有一幕是女主角推著嬰兒車買咖啡，被路人戲稱為拿先生辛苦錢享樂的「媽蟲」。看似無經濟貢獻的全職媽媽，被諷刺為無所事事，像吸血蟲一樣吸附著老公過日子，甚至形成一種「仇女」的社會氛圍。

在台灣，至少還沒有這種仇恨型標籤貼在家庭主婦身上，但傳統文化中，還是對女性在家庭的義務與責任有著既定框架，也讓某些全職媽媽的地位落在大家族的最底層。

拿人手短，在大家庭生活的家庭主婦最煎熬的未必是身體勞累，而是在陀螺般旋轉的日常生活中，得不到家人肯定，也喪失自我價值。還有經濟依賴在另一半身上時，每每伸手要錢那種羞愧感。

現實往往比電影還殘酷，電影中的金智英有位疼愛她、理解她的伴侶。然而在我與雨薇視訊的過程中，她的丈夫只是躺在後方大床上

滑手機，彷彿有個金鐘防護罩隔絕了我們的對話，也隔絕一旁哭鬧的孩子。

雨薇的丈夫在往後視訊的日子也沒有出現過。然而，就像是哈利波特小說裡「那個不可說的名字」，雖然他表面沒有參與，但常常以「我老公說」的形式影響我們的溝通討論。

☆ ☆ ☆

我從與雨薇的視訊當中看到很多挑戰，比方說寶寶睡眠環境、作息不對、入睡方式、丈夫不支持、寄人籬下的壓力等等……。

我們溝通的時間不長，再加上現實考量，無法一次改善所有面向，便決定從最基礎的「睡眠環境」開始著手改善。雨薇的寶寶白天小睡時，都睡在客廳遊戲墊中。配合著家人走動、看電視的聲音，常常「捨不得入睡」或是「睡半小時就醒」。夜晚長睡時，一家人睡在爸媽的大床上，但這張大床同時也是平常孩子玩樂的空間。

經過討論後，我跟雨薇決定第一步該做的，就是「區隔睡眠和活動的空間」。

以空間規劃，區隔寶寶睡眠和活動

寶寶的語言能力有限，其實難以理解什麼時候該睡，什麼時候又是活動時間。當寶寶的活動跟睡眠空間在同一個地方時，活動時間在大床跟遊戲墊上玩、睡覺的時候也在大床跟遊戲墊上，這讓寶寶很難區隔什麼時候是「睡覺時間」，什麼時候又是「活動時間」。空間的混淆會讓寶寶認為這些都是「玩樂空間」，因此合理認為可以繼續

玩，一直要到身體過累了才睡著。

所以我們首要做的是「睡覺時在獨立嬰兒床，而且只有睡覺時才進去」。另外，也要讓寶寶睡前有個心理準備和緩衝，因此更好的做法是「準備睡覺時進臥房，真正要睡覺時再放上床」。如果像雨薇一樣家裡的空間不許可，那至少做到「睡覺時才進嬰兒床」，這是在空間應用上很關鍵，卻常常忽略的技巧。

華人文化裡比較傾向同床，但無論從「安全性」還是「睡眠影響」來看，這都不是好選擇。美國兒科學會和台灣衛福部都建議「一歲以內的寶寶不與大人同床，睡眠環境最好是獨立且全面清空的」，這是最安全的。

尤其冬天大人會蓋厚棉被，小寶寶同床的情況容易發生窒息等風險。另外，和父母、兄弟姊妹同床也容易互相影響。由於寶寶的淺睡眠比例比較高，大人稍微的翻身、移動都很容易吵醒寶寶。在我接觸過的寶寶當中，有許多寶寶睡不好，常常是與大人互相影響。淺眠的父母也容易因為孩子的一些躁動而醒來，彼此干擾都睡不好。

好睡環境三要素

講到環境，我們不免談一下營造好睡環境的三要素：**光線、聲音、溫度**。這三個看似簡單的原則，卻是寶寶睡好覺的重要法寶。

1. 光線

活動時接觸陽光，在黑暗環境睡覺，這是人體的自然機制。全黑的環境能幫助寶寶睡得深沉，讓褪黑激素有效運作，有助於寶寶睡眠時的肌肉放鬆、體溫下降、產生更多睏意。六至八週之後的寶寶，無

論夜晚長睡或白天小睡，都可以在全黑環境睡覺（新生兒的褪黑激素尚未產生作用，所以光線的影響較小）。

如果寶寶的房間不夠暗，可以使用遮光效果較好的窗簾，也不建議使用夜燈，這些光源都會讓比較敏感的寶寶容易醒來。光線的操作可以在睡眠儀式就開始，將寶寶臥房的燈光調至昏黃，引導他們進入睡覺的氛圍。

2. 聲音

相較於光線，比較棘手的是聲音。我們通常很難避免馬路呼嘯而過的車輛、隔壁鄰居吵架、兄姐的玩鬧聲，或是親戚來訪談天的七嘴八舌。

我們可以做的，是盡可能遠離聲音來源，睡在客廳就不太適合。

如果你的寶寶對於聲音比較敏感，建議使用「白噪音」。白噪音的原則是無聊、重複，可使用吹風機和吸塵器的聲音檔，用USB音響重複播放。要注意的是白噪音「不」超過五〇至六〇分貝，擺放於門口或窗邊，距離寶寶有一段距離，大概是洗澡蓮蓬頭出水的音量。

現在研究對於白噪音使用有不同說法，如果擔心白噪音會形成依賴，可以在環境比較安靜時把聲音關掉，只有入睡時使用。

一般來說白噪音屬不錯的睡眠工具，有時候旅行或回阿公阿嬤家過夜時，熟悉的白噪音會讓寶寶知道「是時候睡覺了」，降低環境改變的掙扎。

3. 溫度

人體能夠自動調節體溫，一天當中會略有起伏，我們的體溫通常

在中午來到高點，而在凌晨五點落於最低。當我們睡著的時候，身體機制會慢慢降溫，有助於進入深層睡眠。所以如果周遭溫度太高或穿太多，反而會破壞這樣的機制，讓寶寶睡得不安穩。而對新生兒來說，睡眠環境保持涼爽，亦可減少新生兒猝死症發生的機率。

台灣的家長（尤其是阿公阿嬤）普遍都幫寶寶「穿太多」，一般來說，寶寶的睡眠環境建議在攝氏十九至二十一度，不過這樣的溫度可能許多華人家長不能接受。我們可往上調整，至少不要超過攝氏二十四至二十五度。關於穿著的部分，配合平常穿著打扮，一件式睡衣再加上一件薄的防踢被通常就夠了。

有個簡單的判斷方式是，爸媽處在同個房間，寶寶的衣著比爸媽少一件，差不多是適合寶寶的衣著程度。若想觀察寶寶是否太冷或太熱，可以摸摸背部或頸部，摸手腳是不太準的。

這幾點看似簡單，但常常發揮關鍵作用。尤其針對較敏感的寶寶，對於環境的要求更高。我們盡可能把環境布置適宜舒服，幫助孩子睡得更有品質。

寶寶小睡太短怎麼辦？

另一個困擾雨薇的問題，就是寶寶的小睡很短。雨薇的寶寶是抱著哄睡，哄睡後放在床上，但常常三十分鐘就醒來。有時候再次抱起來哄可以再睡回去，有時候就完全清醒，無法接覺了，雨薇很想改善寶寶短小睡的狀況。我們先來看短小睡是如何形成，還有到底睡多短，才叫「短小睡」？

什麼是短小睡？

五十至六十分鐘內的小睡，我會定義為短小睡。要注意這裡指的是出生三至四個月以上的寶寶，由於新生兒的小睡一般是二十分鐘至兩小時，我們在討論時就先不提到新生兒的小睡。

還有，在寶寶接近小睡轉換期時，也會有某段小睡比較短，這是正常現象。**所以並不是小睡短就代表睡不好，我們判斷睡眠時，需要配合孩子的日間精神狀況跟反應、一天的睡眠時數、月齡等等來看。**比方說如果寶寶小睡短，但夜晚睡得很好，白天精神也不錯，就不需要太擔心。

看待睡眠問題時，都是整體來看，不需要每段睡眠都很「完美」才叫好。追求完美是美好生活的敵人，我們如果為了要讓睡眠很完美，搞得生活壓力很大，那真是得不償失。

小睡短除了後天影響，也有先天原因。某些孩子屬於天生短小睡者，不過這畢竟是少數，我們先不要先入為主把孩子貼上標籤。常見短小睡原因有以下幾種：

1. 無法銜接睡眠週期

大概在三至四個月，寶寶的睡眠模式改變，形成四階段睡眠週期（請參考54頁睡眠循環圖）。寶寶脫離第三階段熟睡期時，會容易醒過來，睜開眼睛或發出一些聲音。

許多新手爸媽在此時以為寶寶不想睡了，就會抱出來。久而久之，孩子的身體也「適應」並養成睡三十至四十分鐘就醒來的習慣。即便寶寶看起來有精神，但其實沒有睡到一個完整睡眠週期，很快就

會疲憊，一整天的情緒也會焦躁不安。

2. 白天睡眠壓力較小

孩子的睡眠主要取決於「生理時鐘」和「睡眠壓力」。所謂的睡眠壓力，就是坊間流行的抓寶寶清醒時間，清醒時間愈長，睡眠壓力也愈大。跟夜晚比起來，白天小睡的「睡眠壓力」相對比較小，當孩子睡了三十至四十分鐘後，睡眠壓力已經緩解，也不容易再睡回去。

3. 環境不合適

睡眠壓力較小的情況下，環境格外重要。小睡最常受到干擾的原因是：「光線太亮」、「室溫太暖」。

寶寶的睡眠環境愈暗愈好，當睡眠環境有光線，對身體來說是可以醒來的暗號。而溫度太熱則是午睡難以接覺的常見原因，台灣中午室內溫度還是很高，如果寶寶睡覺時有些微冒汗都是太熱了，需要盡量保持睡眠環境的涼爽。

4. 過度疲勞

剛剛我們提到了睡眠壓力，適度的睡眠壓力有助於睡眠。但當睡眠壓力過大時，身體會分泌對抗睡眠的激素，導致過度疲勞的狀態（大月齡寶寶呈現的樣子常常是過度興奮）。如果入睡時寶寶處於這種狀態，會比較容易在週期醒來時激烈哭鬧，便更難接覺成功。

5. 月齡小

寶寶的小睡大概到三至六個月才會穩定，有些孩子會花更久的時間。如果以上四點原因已經排除，孩子依然睡得很短，就是要讓時間發酵，通常到六至七個月之後，短小睡的狀況會慢慢改善。其他還有些大動作發展、長牙、轉換期等短期因素，就不特別列出討論。

短小睡的處理方法

由於短小睡是比夜醒還稍微難一點的問題，我們在處理短小睡時，通常會同時做好幾件事。以下是幾個常見的改善方式，也是我建議雨薇使用的方法。

1. 提供合適的睡眠環境

工欲善其事，必先利其器。睡眠環境就是那個「器」，這是我們第一個要檢視的方向。我剛剛有提到睡眠儀式最好在臥房，入睡時寶寶要有固定的睡眠空間，從環境上來告訴孩子「該睡覺了」。

另一個小睡很重要的影響因子是「黑暗」，通常我都會問爸媽，寶寶的房間夠不夠黑呢？

我說的黑，是「伸手不見五指」的黑！

如果家中的窗簾會在小睡時透光，除了更換成遮光性最好的窗簾，或考慮價格實惠的旅用遮光布。讓全黑的環境誘騙寶寶的身體，這是該睡覺的時間。

2. 規律作息

規律作息，是幫寶寶的身體建立穩定的生理時鐘。這個部分我們之後會在其他單元來談，大原則是要注意寶寶的睡眠訊號，避免孩子太累。

3. 練習自行入睡

人的睡眠週期會經歷好幾個階段，睡半小時就醒，主要是寶寶剛從熟睡期要轉換到下階段的睡眠。但是如果入睡時是抱著，在轉換睡

眠週期的過程中，就很容易完全醒過來要用同樣的方式（抱睡）再睡回去。

所以，要改善這個問題，通常還是得從「自行入睡」下手，因為自行入睡是接覺的「基礎技能」。可以自行入睡的寶寶，有比較高的機率能夠自行成功接覺。不過這裡要提醒，接覺比較難，不是說會自行入睡就保證能接覺，通常需要花一點時間才能看到成效。

如果爸媽還沒準備好讓孩子練習自行入睡，也可以用哄睡接覺的方式協助孩子延長小睡。哄睡接覺要算好時機，當孩子醒來太久才介入哄睡，就不太有效果。

雨薇的寶寶六個月，接下來會從三次小睡改為兩次小睡。我們綜合孩子的精神狀況還有夜晚睡眠，把自行入睡重點放在拉長前兩次小睡，尤其是午睡，為接下來的轉換期階段做準備。

成為母親是「重新塑造自我的過程」

跟雨薇一起進行睡眠引導的過程中，我不禁想起，前陣子 Clubhouse 風靡時，我曾在上頭跟許多媽友們聊到「母親的第二人生」。當時有位住在德國的媽媽聽眾 Lily，哽咽的說出自己的困境。

Lily 有對未滿一歲的雙胞胎，由於她只會說中文和英文，連上街用當地語言買菜都有問題。Lily 很想上當地社區的德文課，至少學一些基本生活用語，但是人在異鄉沒後援顧小孩，先生也工作忙碌無法幫忙，讓 Lily 沒有時間去做這些事情。

Lily 的先生希望她能找個英文工作補貼家用，但又反對她找保母

協助帶小孩。Lily 自己很想經濟獨立，但照顧雙胞胎已經壓得她喘不過氣來。未來好多困難，自己一事無成，什麼事情都做不好。想問問大家的意見……。

照顧雙胞胎、在不熟悉的國家用陌生的語言生活、沒工作沒收入、先生的不幫忙也不諒解。我聽完這個故事後倒抽了一口氣，相信在房間裡的幾百位聽眾也都有同樣心情，大家一片沉默。Lily 同時面臨了許多挑戰，但每個挑戰一環扣一環，該如何解開？

媽媽要先肯定自己的價值

我當下給這位母親的建議，可以分成兩個層面來看。第一層是「先肯定自己的價值」。

這份自我價值，並非由工作或是收入所建構的。我們常常忘記，當母親的歲月跟寶寶月齡是一樣的。不像公司還有試用期，當媽媽可是直接上戰場呢！

有很多女性在成為半職／全職媽媽之後，會覺得自己與社會脫軌、沒有學習新東西、缺乏競爭力，因此很難回到職場或升遷。

更讓人難過的是當自己陷入困頓時，「只是帶個小孩而已」、「待在家給人養」、「你怎麼不去找工作呢？」、「你不懂我在外頭工作的辛苦」……，若周遭的親人朋友再這般冷言冷語，真的是讓人感到心力交瘁、自我懷疑。

我當過兩年半的家庭主婦，曾經對「停滯於現況」的感覺極度焦慮。當時的我，以為自己停止學習、沒有進步，卻沒有看見「當媽媽

的我」學到多少事情。從什麼都不懂，到能照顧新生兒、哺餵奶、搞定睡眠、弄副食品、打理小寶寶的吃喝拉撒……。從看到尿布就閃躲，到對屎尿無所懼（還可以讚嘆孩子的大便），可說是有了難以丈量的極大進步。

現在的我，走過上班族、全職媽媽、創業者這幾段經歷。我必須老實承認，全職媽媽那年是人生最不容易的一段時光，無論是在心智、技能、體態上都有劇烈轉折。當全職媽媽照顧家庭絕對不是一事無成，也不是人生停滯在原地。事實上，成為母親是「重新塑造自我的過程」。

我們只是換了一個領域學習，這個領域不只是「家庭」，也讓我們對於「生命」與「愛」有更多體悟，變得堅強，也更加柔軟。而且，**母親正在做的事情是「培育一個來到世上的新生命」，作為全新**

生命與這個世界的連結，媽媽對家庭的付出，絕對不亞於賺錢養家的伴侶。

每一天都要告訴自己：「我做得真好。」

起床幫孩子準備早餐，我做得真好。

勇敢闡述自己的困境，我做得真好。

為自己泡了杯咖啡，或在起床時為自己上了保養品，有好好照顧自己，我做得真好。

相信我，如果你能講出「不夠好」的一百種理由，一定也都可以講出「很好」的一百種理由。不管別人有沒有給予肯定，你是第一個要當自己啦啦隊的人。

不為什麼，只因為你就是那個值得的人。

拆解媽媽的現實任務

第二層建議是從現實面來看，把現有的挑戰跟任務，拆解成一件件階段性目標。

首先媽媽們要先認清楚，什麼任務是眼前最重要的？而你手頭有什麼資源？這是很現實，也需要理性來思考的。以 Lily 的困境來說，我們要先區分哪個是最重要，且緊急的任務。

我想多數人會同意是「照顧雙胞胎」，因為孩子月齡還小。如果經濟上無法請保母，的確需要她親自照顧。但是這樣的狀態並非永久，母親角色雖然是一輩子，但照顧的任務是階段性的。孩子終究會長大，在接下來的日子裡，孩子會愈來愈有自理能力，或是開始上學。到了下個階段，媽媽就能一點一滴把自己的時間拿回來。有這樣的認知，也能在內心設定個期限，就不會覺得辛苦的生活遙遙無期。

更實際的是，也要同時**盤點及尋找資源**。比方說，在她所處的國家，有什麼樣的社會福利或社區支持是可以運用的。諸如教會的親子課程、新手媽媽的社區支持網絡，或是在網路社群尋找講中文的媽媽，和她們取經在當地生活經驗等。

交流中，或許能找到改善當下生活的短期托育服務，或者是語文學習的支持；另一方面，也是拓展自己的生活圈，交朋友、了解未來找工作的潛在選項。

生活中總是有許多挑戰，這些挑戰同時迎面而來時，我們便容易

被擊潰。**如果能把這些挑戰拆解成不同任務，拉開時間軸一件一件完成，會讓我們感覺自己還是有往前移動，不被困在當下太多，而消磨掉自信心。**

☆ ☆ ☆

雨薇和我討論過後，決定把大寶先帶回娘家照顧一週，她自己獨自在婆家執行二寶的睡眠計畫，等到二寶穩定後再帶大寶回來。

然而，雨薇的情況一直讓我擔心，因為在沒有其他家人的支持下，坦白說睡眠引導的成功機率是不高的。果然，執行計畫的那一週雨薇承受不小的壓力，婆婆在小睡時數次進房把孩子抱走。慶幸的是，二寶本身不算是太難睡的孩子，夜晚的部分還算順利，執行一週之後夜醒幾乎消失。但是小睡練習時仍然被家人帶回客廳睡，所以問題依舊存在。

在執行練習後，我和雨薇最後也斷了通訊。我再也沒收到她的消息，也不曉得最後有沒有成功改善孩子的睡眠問題。雖然有時我們能在協助過程中，從睡眠問題拉出更長串的家庭故事，但終究只能看到故事的一角。我能做的，只有在寶寶睡眠上幫爸媽一把，期盼家庭的每個人都能出一份力，一起在每個問題上做出改變。

睡眠引導小提醒

1. 睡眠的空間需要額外規劃，盡可能區隔寶寶睡眠和活動的空間。
2. 好睡環境三要素：光線、聲音、溫度。當寶寶睡不好時，可以先確認這三點。
3. 五十至六十分鐘以內的小睡稱為「短小睡」，可能代表睡眠品質不好。可能發生原因有：無法銜接睡眠週期、白天睡眠壓力小、環境不適合、作息上過度疲勞、月齡小等。
4. 短小睡不代表就睡不好，需配合寶寶的日間精神狀況、一整天的睡眠時數、月齡等條件綜合判斷。
5. 短小睡的處理方式：提供適合的睡眠環境、規律作息、練習自行入睡和接覺能力。

第六章

寶寶夜醒哇哇大哭，一定要大人在才肯停

月齡 3個月～1歲半

睡眠主題 頻繁夜醒、小月齡寶寶自行入睡

「寶寶明明很累，卻無法自己入睡，抱著哄睡之後放床上就哭。每天二十四小時一直不斷循環，媽媽跟外婆都快受不了。」

莉莉向我傾訴的話語中，充滿無奈與無助。迎接新生命是開心喜悅的事，但連續幾個月的睡眠不足、二十四小時貼身照顧，是莉莉難以跨越的震撼教育。**難道真的得用大人的睡眠換小孩的睡眠嗎？**

莉莉在寶寶三個月時很果斷的預約了睡眠調整諮詢，捱到了四個月，寶寶的情況沒有轉好，反而每況愈下。夜醒頻率是每三十分鐘醒來一次，抱哄睡之後放下床又醒，如此反覆捱過了幾個夜晚。

「寶寶出生到現在，都是抱搖的高強度哄睡。我和奶奶輪流照顧，夜晚主要是我帶，寶寶幾乎每三十分鐘就夜醒一次，我已經算不清楚他一整個晚上醒來幾次。我非常非常想訓練寶寶自行入睡！」莉莉堅定的說。

「當媽媽是不是完全沒有生活品質可言？我已經好久沒有連睡兩小時，快撐不下去了。而且如果連我都覺得睡不好，是不是代表孩子也沒睡好？寶寶一整天的睡眠時數很少，我感覺他脾氣很大，如果放在床上就會大聲哭泣討抱，我怕睡眠不足影響他的發展，所以常常是抱著睡覺。」

媽媽是個從內心到身體都難以自由的角色，自己都快撐不下去，心裡頭還是掛記著孩子。

頻繁夜醒的特徵

關於夜醒有很多種樣貌，從時間來分，上半夜夜醒，和下半夜夜

醒的情況就不太相同；從頻率來分，也有每晚一至兩次，或是每三十分鐘夜醒一次；從長度來看，有一次夜醒一至兩小時以上，或者是迷迷糊糊醒來，又很快睡回去；從強度來看，有驚天動地尖叫大哭，或是微笑起來玩耍（爸媽笑不出來）；從睡眠問題來看，有夜醒久、頻繁夜醒、夜驚、夢魘、睡不安穩（躁動）、早醒……。

困擾莉莉一家最大的問題是**頻繁夜醒**，對照顧者來說，頻繁夜醒就像是催狂魔一樣，把爸媽一整天的精力都給吸走。頻繁夜醒容易發生在小月齡寶寶身上，對父母來說也是很困難的時光。大人與孩子的睡眠週期長度不同，當孩子在週期醒來需要哄睡時，大人正在熟睡期。在熟睡期醒來是很痛苦的狀態，尤其這段睡眠是恢復我們白天體力、細胞修護的重要時光。

發生頻繁夜醒的原因

孩子的夜醒對於爸媽最難熬的不是睡得少，而是**「在深層睡眠時被喚醒」**。不少長期在熟睡時被喚醒的家長，最後甚至對入睡有恐懼，或者是心理壓力讓爸媽更淺眠，以便隨時被寶寶「召喚」。

通常孩子發生頻繁夜醒時，我會先問一件事：「是近期才發生的嗎？還是已經存在很久了呢？」如果是原本睡得好的寶寶，最近才頻頻夜醒，這種「開倒車」的情況，通常與以下原因有關：

1. 生理因素

孩子的身體有沒有不舒服呢？每當孩子有「異於平常的情況時」，我都會建議要先檢查孩子的身體狀況。有沒有感冒？有沒有腸胃不舒服？吐奶溢奶情況是否增加？皮膚鼻子有過敏的跡象嗎？寶寶

睡覺時呼吸是否通暢？容易脹氣嗎？

我曾遇過一個家庭，寶寶原本睡得不錯，但突然入睡掙扎、夜醒頻頻，開門見山就說要做睡眠訓練。但我細問後，發現孩子近期才開始吃副食品，而且會一直排氣，所以請爸媽先看醫生檢查。後來發現是腸胃不舒服，根據醫生建議後改變副食品的內容後，睡眠問題也神奇改善，連諮詢都不用做了。

由此可知，有時候我們以為的睡眠問題，可能是孩子身體不舒服的訊號。

2. 過度刺激

過度刺激有很多可能，寶寶沒有像大人一樣見過這麼多「世面」，周遭的每件事情對他們來說都很新奇。小到寶寶終於看到下班回家的爸爸，或者是逢年過節時，遇到好多親戚，大家輪流抱一輪。第一次上寶寶課、第一次出門等等，對大人來說稀鬆平常的事情，對寶寶卻是「生平第一次」無比的大事。

這些活動對寶寶的大腦來說都是種刺激，也有可能導致頻繁夜醒。不過爸媽不需要擔心到把孩子關在家不敢出門，因為刺激是一體兩面的事，也只是短期影響寶寶睡眠的因素。

3. 受到驚嚇

受到驚嚇也是類似過度刺激，只是影響時間會久一點。有可能白天遇到什麼事情，曾經讓孩子「很緊張」，有點像我們長輩說到的「驚到」。即便當下安撫好，寶寶的身體或潛意識還記得，在夜晚時顯示出來。常見的表現是突然大哭尖叫，像是夜驚一樣，搞得爸媽也很緊張。這個原因也很常在小童、大童身上看見，通常也會伴隨著

「抗拒入睡」。

這裡請注意，當我們在看「刺激」和「驚嚇」這件事的時候，要站在小孩的角度。因為對小寶寶來說，我們認為很小的事情，在寶寶眼中是不一樣的。比方說玩飛高高、小狗突然汪汪叫等。而對小童來說，有些驚嚇是來自大人的言語。可能是爸媽吵架，或大人的玩笑話（不乖就把你送給別人、沒穿褲子小雞雞會飛走等），孩子內心產生恐懼，間接影響睡眠。

4. 接觸 3C 產品

有個原因我想特別拿出來說，就是 3C 產品。我想大家都已經知道電視、手機、iPad 等藍光會影響睡眠。正常情況褪黑激素會在夜晚大量分泌，以幫助人入睡。藍光會誤導大腦中的松果體，干擾褪黑激素分泌，導致我們睡得差，這點對大人小孩都有影響。

現代有些家庭的電視無時無刻都放著，寶寶在客廳爬來爬去。又或者是邊抱小孩邊滑手機，即便寶寶沒有直視 3C 產品，這些光線也會干擾到孩子。

我在進修孩童焦慮的心理學課程時，課程內有特別提到科技產品對孩子的情緒、睡眠都有滿大的影響。所以如果你是重視孩子情緒和睡眠的照顧者，會建議從小就開始控管孩子使用 3C 產品的狀況。當然就現實來說，我們很難完全杜絕 3C 產品，也沒有必要完全杜絕。但是盡可能在睡前一至兩小時避免孩子接觸 3C，對睡眠品質的提升也有幫助。

5. 作息不對

當作息不對、孩子過累，也會導致頻頻夜醒。這個也是我會著重的部分，有太多家庭是因為不適合的作息導致睡眠問題。即便爸媽已

經照這個作息實行很久，也不代表適合現階段的寶寶。因為寶寶的睡眠在前兩年變化很快，他們的作息也要因應月齡成長。

6.「習慣性」頻繁夜醒

如果孩子的頻繁夜醒已經維持一個月以上，爸媽也確認過上方提到的五個原因。那麼很有可能跟莉莉的寶寶一樣，是「習慣性的睡眠依賴／連結」。

睡眠依賴的意思是，孩子入睡接覺時，需要靠外在的哄睡機制才有辦法睡回去。這個哄睡機制可能是大人的陪伴、拍拍、抱搖、奶、唱歌、抓媽媽頭髮等。所以當孩子半夜在一個睡眠週期結束，要跳到下一個睡眠週期時，會尋找平常的入睡／接覺工具來幫助他睡回去。

對於這類型的睡眠問題，自行入睡和接覺練習幾乎是必走的流程。這裡說明一下：自行入睡是改善頻繁夜醒的「基礎」，我們還要在這個基礎上培養更進階的「接覺」能力。有接覺能力，寶寶才能在睡眠週期醒來的時候自行睡回去。當這個技巧純熟時，就能接覺得愈來愈順暢，彷彿一覺到天明。

所以，**光是練習自行入睡無法單純改善頻繁夜醒，如果爸媽還是用哄睡方式幫孩子接覺，夜醒就會繼續存在。**

小月齡寶寶，要先留意身體狀況

莉莉的情況，雖然很明顯是寶寶高強度哄睡（抱睡、奶睡）養成的頻繁夜醒習慣。但是寶寶也有過敏、腸胃不適等等狀況，這些問題滿常發生在小月齡寶寶的身上。

所以，雖然睡眠引導是改善頻繁夜醒的藥方，但我們得先處理好寶寶的生理狀況，再來進行睡眠引導（訓練）才安全也有效果。

我請莉莉先尋求小兒科醫生的協助，找到寶寶過敏的原因。醫生建議幫寶寶換成水解奶粉，確認腸胃不舒服、過敏等狀況獲得一定程度改善之後，才開始我們的自行入睡、接覺練習。

這裡也列出幾個小月齡寶寶影響睡眠的幾個常見生理問題：

1. 胃食道逆流

小嬰兒的胃還沒有完全發育好，所以喝下的奶很容易沿著食道流回口腔，也是我們俗稱的吐奶或是溢奶，吐奶的時候有些胃酸也會混雜在裡面，這就會讓寶寶很不舒服。所以我們每次餵奶之後都要幫寶寶拍嗝、直立一段時間，不要直接躺下來睡覺。

吐奶的狀況有輕重之分，有些已經屬於病理性的胃食道逆流，比方說寶寶很常嚴重的吐奶、大力的咳嗽，或是太頻繁的打嗝，甚至影響到呼吸。如果你的寶寶屬於這類型的話，就會需要給醫生評估，遵從醫生的指示來照顧孩子。把孩子的生理狀況調整好，或等到月齡大一點狀況改善後，才開始練習自行入睡。

2. 腸脹氣

脹氣非常普遍，如果發現寶寶很常放屁、放屁或是便便之前還會有一些哭鬧，那可能是腸胃不舒服。

不少寶寶有脹氣問題。一般來說，四個月以後脹氣會慢慢改善。針對脹氣問題，可以在喝奶之後一個小時做點按摩，或是稍微拉長喝奶的間隔。餵奶的時候，也要注意有沒有正確的含乳，有時候在喝奶的過程中，吞下太多的空氣也會造成脹氣。另外，母乳媽媽的飲食也

會影響，如果寶寶容易脹氣，媽媽最好避開容易產生氣體的食物，像是洋蔥、豆類、巧克力等。

夜奶較多的寶寶，夜裡脹氣情況會更嚴重，反而會睡不安穩、容易夜醒。有些頻繁夜醒的親餵寶寶，通常沒有完整喝奶就睡著了。這樣寶寶吃到的會是媽媽的前奶，前奶中有豐富的乳糖，後奶比較多是脂肪和蛋白質。如果只喝前奶的話，寶寶比較容易餓，乳糖也會增加脹氣的狀況，導致孩子不舒服哭更多、睡得不安穩，寶寶因此更容易醒過來哭泣，然後媽媽又給奶安撫，變成一個惡性循環。

莉莉在面對寶寶頻繁夜醒時，最常使用的是親餵奶，因為奶暈孩子是最快的方式。小孩放在大人身邊，夜醒時直接把奶「督」過去，甚至不用起身。我也當過一陣子的奶睡媽咪，那段時間常常睡覺時覺得奶頭涼涼的，因為奶睡寶寶後也沒有餘力把奶收起來。用餐後的寶寶在一旁倒頭大睡，早上起床我都是衣衫不整、奶頭外露的情況。久而久之我也懶得收了，就當作是水龍頭隨時讓孩子取用吧！

不過，夜醒時親餵雖然很方便，就像剛剛所說，如果夜醒太過頻繁，反而會因為沒喝到完整的奶加重腸胃負擔。而且還有個大缺點，就是很容易加重往後的夜醒習慣。孩子被養成頻繁夜醒後，每次到睡眠週期轉換都需要媽媽的奶。等到月齡愈來愈大，奶睡慢慢不管用，寶寶餵奶之後還是睜大著眼睛，沒有被奶暈。

所以，**我會建議親餵的媽咪在夜晚時，還是要掌控餵奶的間隔。我們不是不餵夜奶，而是只提供孩子生理所需要的夜奶，以預防往後的睡眠問題。**

3. 過敏

過敏是台灣寶寶很常見的狀況，我遇到最多的生理問題就是過敏。無論是皮膚過敏、鼻腔過敏、腸胃過敏都算。這部分要依照寶寶的情況，來讓醫生診斷、給予建議。比方說皮膚、鼻腔的過敏會需要控制房間的濕度、溫度、穿著等。過敏的確也滿容易讓寶寶睡不好的，所以如果家中有過敏兒，我們還是要先從外在的環境，遵照醫生的指示來改善。

自行入睡的先決條件

在台灣，或許是百歲書的緣故，很多爸媽聽到自行入睡就以為是「放孩子在床上哭到睡就好」因而心生排斥。莉莉的目標雖然是讓孩子自行入睡，也知道要做睡眠引導（訓練），還是在行前百般猶豫。

事實上，睡眠訓練只是我們引導寶寶過程中最後一塊敲磚石，雖然過去被格外提出彰顯，卻忽略了其餘的事前準備。讓孩子學習自行入睡時，爸媽要做的事情可多了，並非讓寶寶哭到睡就好。我們在練習自主入睡、接覺之前，請先做好以下幾點準備：

1. 孩子月齡恰當

孩子的月齡與生理狀況要合適，才能練習自主入睡。矯正年齡須滿四個月，且無生理疾病或不適。如果有疑慮，請先諮詢醫生，不要自己判斷。

2. 確認環境安全

這點非常重要，孩子必須在獨立嬰兒床，而且床內清空。環境不夠安全的情況，千萬不要讓孩子練習自行入睡。有些家長是在大床上練習自行入睡，這萬萬不可。另外，把寶寶放床時仰躺，不要趴睡、

側睡這些都是基本條件。目前我還沒看到安全且合格的呼吸偵測，請家長不要依賴這些產品讓孩子趴睡。

3. 合適的睡眠環境

四個月以上的孩子會愈來愈難「隨處而睡」，孩子對外界環境的敏感度是很高的。台灣家庭常見放了過多防撞物品，這反而增加嬰兒床的危險性。先確認家中的睡眠環境是不是有這些干擾因子，我們盡量打造「安全且無聊」的睡眠環境。

以上三項至少要做到，我們才讓孩子練習自行入睡。另外要提醒一個小月齡寶寶調整的誤區：**自行入睡並非等同戒夜奶**。八個月以內的寶寶的生理上可能還需要夜奶，練習自行入睡，也可有合適的夜奶次數，兩者之間不衝突。

以莉莉的四個月寶寶來說，我們計畫初期是設定兩次夜奶時間。這是媽媽與寶寶彼此各退一步，對照顧者也比較舒服的模式。事實上，當我們改掉莉莉夜間無限次親餵自助餐的習慣後，寶寶白天喝奶的狀況愈來愈好。三週後，寶寶整個晚上只有起來討奶一次。當進入健康的睡眠模式之後，寶寶自己會引領所需要的夜奶次數，遞減生理上不需要的夜奶。

睡飽後，重新拿回自由時間

無論你多愛寶寶，當了爸媽之後，都會感受到「失去掌控時間能力」的時刻。尤其是新手媽媽，常常不知不覺一整天的時間就這樣沒了。所以很多媽媽會趁孩子睡著之後「熬自由」，滑滑手機、追追劇，只有在這些時候，擁有短暫屬於自己的時間，好像拿回了一點點自我。

但很現實，很多家庭的孩子是很晚睡的，等到忙完小孩和家務可以熬自由時，常常也已接近午夜。所以我們通常是犧牲睡覺時間，來換取片刻的自由感。

身為好眠師，最有成就感的時刻並非只有讓一家人睡好覺。而是協助的家庭告訴我，在寶寶早點入睡、睡得更好之後，爸媽的生活有了什麼改變。很多媽媽告訴我，他們的自由時間變多了，當孩子可以在七點多自行入睡，連睡到隔天早晨六七點，就代表爸媽在七點多便能「下班」。如此一來，就多出三、四個小時的自由時間，並能充足睡飽七、八個小時。

「現在我仔細評估身心狀態，真的很好，很喜歡現在的自己。晚上和老公一起追劇、看電影，彷彿回到新婚時期的美好時光。」

「寶寶睡好覺之後，我終於有時間在夜晚進修，也在去年八月找到工作，回歸職場讓我很充實很開心。」

「夜晚我和老公有更多相處時間，很快就懷上二寶了，今年二寶就要出生囉！」

「雖然是全職媽媽，但孩子現在七點多就睡著，我開始籌備想了很久的個人品牌，未來朝向在家工作的目標。」

莉莉在睡眠引導後告訴我，她很難想像上個月兒子還是高程度哄睡，每次哄睡需要花一個多小時、一放床馬上醒，只能一整夜抱著睡，還會夜醒八、九次的孩子。現在兒子變得可以自己在嬰兒床上玩玩手、玩玩腳，就自己睡著了。睡眠時數也比之前多好多，夜晚長睡眠可以長達十至十二小時，中間只醒來喝一次奶，很不可思議。莉莉

重新拿回夜晚的自由時間，好好休息放鬆，這是她從來不敢奢求的。

不用當「完美」的父母，而是要陪孩子度過未來種種難關

寶寶睡好覺對很多家庭來說，都是重要里程碑，不單單只是睡飽覺這麼簡單。當爸媽有空閒在夜晚約個會、互相分享彼此的心情、看一部電影、讀一本書、享受性愛、和朋友聊天、閱讀、進修等等，會大大提升生活品質，也連帶影響白天的育兒品質。這代表我們有更多的精力和好心情，執行想要的教養方式，而不是在身心狀態都不好的情況下「勉強自己」做個完美的父母。

勉強久了，會有委屈，會有怨懟，勉強絕非父母長久的路。父母的角色是一輩子的，而任務是有階段性的。不要因為階段性卡關（新手爸媽最容易卡關的是睡眠），而厭惡自己的角色，或者失去做父母

的信心。有時候，我們需要的只是撥出一點點時間，來照顧爸媽自己的身心狀態而已。

我自己就是在孩子早睡且睡好覺之後，開始進修嬰幼兒睡眠拿到認證，並開創個人品牌，分享我所學到的睡眠知識。夜晚三、四個小時的自由時間，有難以想像的超能力，只要好好運用，就能形塑想要的理想生活。

華人對於母親角色的要求，骨子裡認為應該「犧牲」。犧牲睡眠、犧牲自由、犧牲工作、犧牲自己，彷彿犧牲不夠，就當不好媽媽一樣。無怪乎很多新手媽媽會忍不住懷念過去的生活，或是想把孩子塞回肚子裡。我曾在一個 clubhouse 的討論窗裡，聽到許多爸媽敘述有多後悔生小孩、為了孩子犧牲多少事情、人生從此不快樂等。

試想，這些爸媽的孩子聽到該有多難過呢？爸媽所謂的犧牲心態，常常是未來親子關係緊繃的源頭。快樂健康的家庭，並非是圍繞在某一個成員打轉，而是找到每個家庭成員相對均衡的狀態。**如果我們想當完美的母親，就很難是完整的自己。**

而且，當個完美的母親後，孩子習慣了你的完美，習慣所有的需要和渴望都被滿足。那孩子也很難發展獨立、自給自足的能力，未來如何面對這不完美的世界呢？

我們需要給予安全、穩定、持續性的愛與關懷，這是長期經營的安全感，不代表要無時無刻抱著哄著孩子，不讓他哭泣才能培養安全感。我們也需要逐步培養孩子面對挫折的勇氣和韌性，這些人格特質會帶領孩子克服人生一道道關卡，對他未來發展極為重要。

以睡眠來說，很多媽媽以為，要在睡覺時哄睡，在每次夜醒時幫孩子接覺，才算給予足夠的安全感，孩子才會有健康心理發展。但是睡眠畢竟是很獨立的事情，眼睛一閉上，就看不到其他人了。你的一次次陪伴哄睡，也減少孩子練習自我入睡、自己接覺的能力。與其追求每次都能滿足孩子渴望的「完美接覺」角色（無論你是奶睡、拍睡、抱睡），不如用最真誠的態度和孩子相處。過了新生兒時期，坦承父母也需要充足睡眠，我們依然愛寶寶，但寶寶需要學會發展自我入睡接覺的能力，這對彼此都好！

睡眠引導小提醒

1. 發生頻繁夜醒，要先觀察「是近期才發生」，還是「已經存在很久」，才能判斷成因。
2. 小月齡寶寶容易因胃食道逆流、腸脹氣、過敏等生理因素頻繁發生夜醒。
3. 寶寶也會因為身體不舒服、過度刺激、受到驚嚇、睡前接觸３Ｃ產品、作息沒有階段性調整、習慣性睡眠連結、依賴等因素頻繁夜醒。光是練習自行入睡無法改善頻繁夜醒，也需要改變哄睡接覺的習慣。
4. 矯正月齡滿四個月，且無生理疑慮或不適的寶寶，在父母確認睡眠環境非常安全、提供適合入睡的環境並仰躺放床，方可練習自行入睡。

第七章

多人照顧，寶寶作息反而更容易失調？

月齡 ☾ 0～2歲

睡眠主題 ★ 規律作息、自行入睡

小貞的女兒一歲八個月，不管對婆家、娘家來說都是第一個孫輩的孩子，也是盼了好久才到的寶寶。可想而知，無論娘家父母還是公婆，都把小孫女捧在手心上。小貞的情況讓很多小家庭的爸媽羨慕，因為她有「滿滿的後援」——平常與公婆同住，週一至週三由公婆照顧孩子，週四至週五則由自己的爸媽接手照料。

因為有輪流強打，小貞夫妻白天能夠安心上班，晚上下班後再接手女兒。這樣充足人力的「分工合作」在初期的確很美好。但慢慢地，開始浮現一個問題，那就是「教養風格」的差異。

不能只要長輩的協助，卻不要他們的教養

多人照顧的好處我們已經知道，但可以想像，人多嘴雜容易意見不合。你的孩子不只是你的孩子，還是大家的孩子，一些小事就有雪

片般的意見飛過來。光是吃副食品，娘家、婆家、自己家就有三種版本，爸媽很難全然依照自己的想法育兒，孩子也在不同照顧者中「摸索和試探」著長大。

長輩協助帶小孩在現代社會中非常普遍，在東方社會中甚至變成一種常態，尤其我們台灣下班時間晚，有自家長輩看顧比送托兒所還令人放心。以我自己為例，在英國房價高漲、保母昂貴的情況，也是有不少雙薪家庭讓長輩帶小孩，甚至住在長輩家的例子。

我也遇過好幾次共同教養的寶寶，每次的狀況不太一樣。要幫這種寶寶調整睡眠，會比一般只有小家庭爸媽照顧的狀況來得困難一點。困難的原因在於人多很難找到共識，有些家庭甚至是只由爸爸媽媽找我解惑，長輩並不知道，或者直接在溝通中出現爭執。

比方說，有次我同時訪談四位照顧者，分別是小孩的媽媽、阿姨、外婆，並用視訊方式和國外工作的爸爸溝通。當時我也從最一般的問題開始問起：「小孩平常都是怎麼入睡的？」然而，光是這個基礎問題，就收到四種版本的答覆。媽媽回答奶睡；阿姨說多數是陪睡，有時候抱睡；爸爸跳出來說我上次拍拍就能睡，都是你們一直抱著不放才會這樣。媽媽不甘示弱的表示：「你也才陪那一次，他平常才不是這樣。」

阿姨反給媽媽一槍：「小孩給你帶的時候就特別難睡，夜醒特別多，我們平常帶才不是這樣，不信你問媽怎麼說。」外婆附和：「對啦對啦！是你自己捨不得小孩哭，還要花錢請人來諮詢。」這個話題突然成了引爆點，變成「誰對、誰錯」的爭執現場，中間夾帶對彼此的不滿情緒。不用說共識了，連好好坐下來討論都很難。

這是照顧者多的缺點，當然我相信每位照顧者都是用心在愛護、照顧孩子。但每個人的想法和感受不同，過去成長經驗也不同，這樣的不同就會造成摩擦。

另一種更常遇到的情況是，長輩協助照顧孩子，但教養風格跟父母期待的差異很大。

「我已經跟媽媽／婆婆說不能這樣帶小孩了，他們就是不聽。」

「根本不可能改變我公公，稍微講一下就發火。」

「老人家根本講不聽，一直餵小孩吃糖，哭了就哄，小孩都被寵壞了。」

關於這點，真的是育兒的大關卡。請長輩照顧孩子心裡真的要有個底，**因為照顧和教養是一體兩面**。我們在現實中，很難只要某一個人的「照顧」，卻不要他的「教養」。如果要求長輩照料，也必須某種程度向對方的教養風格妥協。當然，如果長輩是屬於願意接受爸媽模式，也聽得進建議，一切就會順利很多，只是這種情況通常是可遇而不可求。

我個人覺得，最辛苦的莫過於當身邊的人「只出嘴，不出力」。若伴侶、長輩或爸媽自己對於「該怎麼教小孩」講得頭頭是道，但凡要出力照顧，就是「平常是你在帶，你自己看著辦」的時候，沒有實際後援又苦於人多嘴雜，主要照顧者除了身體勞累，心理壓力也不可小覷。所以，如果你身邊有獨自照顧孩子的人，請給他多點實質支持，少給批評（即便是善意的建議）吧！

如何整併多版本作息

我們回到小貞的故事，小貞一家找到我，主要是希望能幫孩子改善夜醒問題，並且學會自行入睡。他們擔心孩子睡得不好會影響發育成長，不過夜醒和哄睡只是問題的表徵，我在確認過孩子的狀況與作息之後，覺得最有問題的是作息。

孩子的作息有三個版本，分別是「外公外婆」、「阿嬤」、「爸媽週末自己帶」，也就是說孩子每天會因為照顧者不同，而有不一樣的作息。就好似尼采說的「我有我的路，你有你的路，所謂最適當的路、最正確的路、唯一那條路，並不存在。」作息也是一樣，雖然身為好眠師，我有自己的一個版本，但是也不認為這就是標準答案。只是，不管是哪種作息，最好能有共通性，不然對孩子來說會很難建立習慣。

所以，我們針對小貞的寶寶，第一件事情要做的是「找到作息的共同步調」。也就是孩子每天的睡覺時間、吃飯時間，甚至是活動時間應該是要有規律的。而不是像摸彩一樣，不知道今天會抽到什麼，等一下要做些什麼。

規律的作息，能滿足寶寶的食欲、睡眠等生理需求，也在心理上讓孩子有期待和預期性，可以預測下一步會發生什麼。為何有些孩子在學校比較好帶，原因便在於學校的作息通常很有規律。這種規律，可以帶來預期感和秩序感，並加強孩子的安全感，也會形成穩固的生理時鐘。就很像我們自然而然在某些時間點會餓、會想睡覺，這是因為我們的大腦、腸胃都有其運作的生理時鐘。

規律的另一個好處是，照顧者也比較好安排時間，不會覺得一整天都被孩子綁著。當我們知道孩子大約什麼時間點睡覺、吃飯，就能預先安排自己的時間。我認識許多游刃有餘的母親，都是在孩子作息規律後，便可安排家事、做瑜伽、寫文章，甚至在家工作。換句話說，規律作息的目的，也是能讓照顧者找回一點自由。

順從小孩每個渴望，最有安全感嗎？

講到規律作息，我想先打破兩個育兒迷思。

有些家長以為要完全順應孩子的渴望，想睡就睡、想吃就吃，覺得順從本能最能營造安全感。這個論點僅建立在某些生理時鐘很明確的寶寶身上，通常是天生很好睡的寶寶，才能由寶寶來引領家長建立作息。而且我們可以發現，那些想睡就睡，想吃就吃的好帶寶寶，到最後還是能找到作息規律。

另一個迷思是套用「月齡作息表」，讓寶寶無條件照著做。規律作息的原則，**是要順應孩子身體上的需求，而不是讓孩子順應大人的需求**。這點很多爸媽容易誤會，以為規律作息是讓孩子照著「大人設計的行事曆」按表操課。然而，即便找了一位專家寫的月齡作息表，上面的資訊也都只是僅供參考。作息表不適合所有的孩子，包含我設計的作息表也是，參考就好，不能一味套用。

引導規律作息的兩個工具

關於引導規律作息的方法，坊間有些「清醒時間」、「吃玩睡」或是「作息表」的建議，幾個月的孩子幾點睡、清醒多久要放床。每篇文章各有論點，也有其支持者。我會建議父母在看類似文章時，觀察每個孩子有差異性。這些方法是可行的，但需要配合「自家小孩做調整」，並以「更謹慎的態度」來操作。這裡我介紹兩個好用且普遍能應用在所有家庭的工具。如果能確實執行，光靠這兩點至少可以用到一歲半。

實用工具一：照顧者的觀察

沒錯，這個工具就長在爸媽身上，就是你們的雙眼。其實坊間所謂厲害的保母、月嫂，說孩子到他們手上很好睡，很大的原因就是經驗讓這些保母、月嫂已經很能分辨什麼是想睡的訊號。

另外，爸媽要理解每個月齡的生理時鐘，以生理時鐘為主，然後孩子睡眠訊號作為輔助，了解什麼時候餓了、什麼時候睏了，自然就能發展出屬於孩子的作息規律。

實用工具二：作息記錄表

光是觀察訊號我們很容易有誤區，尤其有些孩子的訊號不明顯，根本觀察不出來。又或者觀察之後還是覺得孩子睡眠一片混亂，根本沒有所謂的規律。

但即便再怎麼亂，如果你能每天把孩子睡眠概況「記錄」下來，通常三至七天能理出個頭緒。作息記錄表是幫助我們有清醒的腦袋，比較客觀的抓出重點。另外，記錄表不是只有記錄睡眠長度而已，以下幾個要點列入參考：

★ **睡覺時間**：分別記錄上床、入睡、夜醒、再次睡著的時間點

★ **睡眠長度**：白天夜晚各段睡眠長度

★ **睡覺地點：**白天小睡和夜晚長睡有不同嗎？他是在嬰兒床或是父母的床上睡著呢？

★ **孩子心情：**起床時的反應（例如：微笑、大哭）、白天的情緒（例如：傍晚五至六點時特別暴躁不安）

★ **簡述當日活動和飲食：**例如，到阿公阿嬤家很多人一起玩耍、睡前看了卡通、吃了新食材……。當你記錄幾天後，應該就能觀察到哪個時間點上床睡覺孩子比較容易入睡、睡得好。新的作息執行至少兩三天，觀察孩子的反應，再依照狀況作些微調整。規律的作息每隔一段時間就會有變化，因為寶寶的特性就是「一直改變」。平均來說，小月齡的寶寶大概每個月做一段紀錄，大月齡的寶寶可以拉到六至八週。

順帶一提，記錄作息是用來抓時間點，但沒必要每天記錄。

幫孩子找出最適合的作息

以小貞的案例來說，他們觀察到阿嬤帶的時候，孩子整體睡得比較好。這時候我們就可以探究阿嬤做了哪些「不同」的事？比方說睡眠儀式的內容、與孩子互動方式等，然後以阿嬤提供給孩子的作息為藍本，稍作調整後，成為我們的作息範本。

接下來會遇到一個問題，不管是多人照顧，還是一人照顧，很難讓作息「完全固定」，這該怎麼辦呢？的確，生活有大大小小的瑣事，諸如送大寶上學、活動課程安排、寶寶的小睡長度不同、生病等，都會影響當天狀況。

有些父母會拿著網路找到的「月齡作息表」苦著臉來找我傾吐：「我的小孩做不到，他是不是有問題。」

「不是只有你做不到，好眠師也做不到，而且我跟你保證，寫這個作息表的人，他的孩子也不可能天天做到。」

我們要追求的並非每天一模一樣的「固定作息」，因為**僵硬的固定作息，是讓時間掐著走**，變成每天都在追寶寶有沒有在時間點睡著、睡了多久、一週達成幾次。

尤其一歲半以前的孩子，會經歷多次的睡眠轉換、作息變化，大約每隔一到兩個月，新生兒則是每二至四週就要調整，固定下來不久又得調整。所以，**所謂的規律作息，是在既定的作息表中，留下前後三十分鐘的彈性，來符合當天的狀況，也保有孩子睡眠成長的彈性。**

作息表只是參考範本，不是要完全一模一樣，我們的目的只是要讓每位照顧者有相近的規律作息

規律的作息，就像參加一場音樂會

你可以想像有規律的作息就好像一場音樂會，當你參加一場音樂會時，拿到的節目單會寫下當天的曲目，但不會有確切的時間。我們從節目單知道大致的曲目是什麼，第二樂章結束之後，是中場休息，接著是下半場演出。我們可以預估中場休息發生在某個區間，但不能保證幾點幾分這首曲子會結束。曲目是固定、音符也是一樣的。但每次演奏者狀態不同，彈奏出來的旋律與氛圍也不一樣，所以時間點也略有不同。

音樂會的比喻也很適合形容寶寶的睡眠，寶寶的睡眠偶爾會走音，但只要爸媽穩穩的指揮，還是會回到正軌。但是要記住，**我們是指揮者，不是演出者。爸媽如果過度介入孩子的睡眠，或是同時有很多指揮者，反而會讓演出者混淆，難以發展自己的睡眠技能。**

☆ ☆ ☆

小貞的寶寶我們是「作息調整」和「自行入睡」兩大塊雙管齊下。自行入睡的前提是：父母創造一個舒適的外在環境（嬰兒床、溫度、光線、聲音），合理的內在驅動（生理時鐘、作息規律），最後的「引導方法」才是開啟自行入睡的大門。

引導自行入睡有不同的方法，不論什麼方法，目標都是一樣的：「孩子能夠在嬰兒床中不需要大人陪伴、哄睡，就能夠自己入睡。即便半夜醒來，也能自行接覺很快的睡回去」。目標一樣，只是過程不

同。這個過程除了孩子本身學習自己入睡，也是讓父母去探索且觀察孩子真正需求。自行入睡的本質是「尊重」，爸媽看到孩子真正的需求（充足的睡眠），而相信孩子並提供空間讓他們學習。

該選擇哪種引導手法？

接下來你可能會問，那到底什麼引導手法最有用呢？什麼樣的方式孩子才不會哭呢？我的答案是：「沒有最好的方法，只有最適合你家的方法。」

現在網路上可以搜尋到的抱放、費伯法、睡眠夫人等，都已是許多睡眠專家、醫生建議使用的。在正確使用下其實安全又有效。當然方法的內容會因應家庭做點調整，以適合且能夠執行為主。

即便同一種方法，用在同一個月齡上，呈現的過程也不同。因為每個孩子有他的個性，過往養成的哄睡習慣，再加上環境、父母執行、是否遇到轉換期、成長期等都會影響。我就有遇過一天無痛睡過夜，睡到爸媽會擔心，也有遇過三個月才穩定下來。如果撇開作息、環境等外在因素，「孩子的個性」與「父母的態度」是影響關鍵。前者無法控制，後者我們可以事先準備。所以，在選擇方法時，爸媽不要只有考慮到孩子，也要思考適合現實條件和自己的教養風格。

以下是幾個選擇適合方法的原則：

1. 父母教養風格

父母的教養風格是比較溫和的？還是嚴謹的？當你在閱讀這些引導方法，你的第一直覺是排斥，還是可行？所有的照顧者要面對自己的真實想法，你不需要對別人交代，但至少要對自己還有共同執行者誠實。如果選擇了「內心不認同」的方法，即便他對別的家庭有效，也很容易在你家裡失敗。執行兩天就會得到「我家孩子特別難搞」、「這方法沒人性」的結論，對自己或孩子失去信心，兩敗俱傷。

2. 執行人力

選擇方法也要考量現有資源，有些家庭只有媽媽一人，有些家庭有保母或長輩幫忙。資源愈少的家庭，選擇就少，這是很現實的問題。執行上，最好抓個兩到三週，新習慣才能慢慢穩定。愈溫和的方式父母參與程度愈高，所需要時間也愈久。如果父母能輪流執行，過程真的會順利許多。比方說有位美國媽咪，她的先生是長期不在家的軍人，自己帶著兩個小孩一隻狗搬到新社區，沒有後援沒有朋友可以幫她照顧另一個孩子。這種情況下，她就沒有辦法選父母參與程度高（溫和）的方式。

3.照顧者要有共識

多人照顧者有能夠換手的優點，當然也有他的缺點，最大的缺點就是「意見不合」。以小貞的家庭來說，光統一大家的目標和認知，就需要很多溝通。有些家庭來求助，想要的效果是不一樣的。想要的是沒有夜醒？自行入睡？還是維持哄睡但降低安撫程度？

除了爸媽的意見，也需要納入長輩、保母等共同照顧者的想法。千萬不要爸媽其中一人一廂情願的努力，當你孤零零的奮戰，小孩依然不睡覺時，夜深人靜的情緒會把你壓垮。

如果照顧者意見太多，就以「主要照顧者」的意見為考量（通常是媽媽）。開個家庭會議，把話攤開來說，其他人如果不贊成，就提出解決方案。要幫忙帶小孩嗎？夜醒時要幫忙哄睡嗎？開家庭會議的目的是，回歸理性層面，把所有的挑戰和資源攤開來檢視。

無論如何，家中的照顧者要有共識，這非常重要！

語言能力還在發展的孩子主要是透過照顧者的「行為」和「情緒」來理解事情。如果照顧者的行為不一致，比方說爸爸用A方法、媽媽用B方法。或是前兩天用A方法，第三天回到哄睡。這種情況下，孩子其實不知道他要學什麼？無法建立新的習慣，會摸不著頭緒有更多的哭泣。從研究結果來看，大人反覆且不一致的回應，反而會比完全不理會孩子更沒有安全感。

4.小孩個性

最後才是考量孩子的個性，來選擇適合的方法。從平常與孩子的相處，來推測孩子的可能反應是什麼？哪個方法可能比較適合他？很多人以為愈溫和的方法愈好，比方說一開始執行時爸媽都不要離開。但是對於某些孩子來說，爸媽在現場，反而孩子情緒激動，更不願意睡覺。

所以要在事前觀察小孩平日的反應，也可以注意哪位照顧者執行，小孩會比較接受。這些都有助於挑選合適的計畫。比方說，奶睡的媽媽不太適合陪睡法，由爸爸來執行會好點。因為你不給奶，還一直把食物放在面前，就好像你在減肥，卻有人在你面前放上整盤的鹹酥雞，何必這樣考驗人性？孩子當然會用更激烈的反應抗議。

建立作息，照顧者需有一致性

以上所有的考量點，最後都會帶到一個重點：**當我們要改變孩子的睡眠習慣，行為需要一致，才會有效果**。這也是為什麼事前的溝通準備很重要，我不建議爸媽抱著姑且一試的方式來睡眠引導，因為很大的機率會失敗，那不如不要開始。

以小貞家的情形來說，我們準備期就長達一個半月。雖然過程中不免出現長輩不熟悉細節，導致孩子在長輩帶的時候特別難執行。不過萬幸的是，小貞一家都希望「孩子能睡得好」。我們在這個共識下展開計畫，願意在兩三週之內，盡可能在回應孩子上有一致的態度，一家人彼此配合提醒，來調整孩子的睡眠。

過程中，不只孩子需要鼓勵，家庭成員也要彼此鼓勵。對長輩來說，有時候他們在意的是「被否定的感覺」。對於長輩的照顧和幫忙，也要多多肯定。**情緒對了，很多事情就對了。**

小貞一家結束引導時孩子已經能夠自行入睡、夜醒消失、情緒穩定。他們還是維持多人照顧的生活型態，但是在作息安排有個類似的版本，孩子的睡眠就能更加穩定。

睡眠引導小提醒

1. 規律的作息能滿足寶寶的食欲、睡眠等生理需求，也能在心理上讓寶寶有預期性，更加有安全感。
2. 照顧者可利用作息記錄表，掌握寶寶的睡眠訊號和生理時鐘、引導寶寶規律作息。可由以下網站下載睡眠記錄表，記錄寶寶作息：

   下載
   睡眠記錄表

3. 每個家庭適合的方法不同，需符合爸媽的教養風格、考量執行人力、對目標和執行有共識，並從平常的相處推測寶寶的反應，找出適合的睡眠引導方式。

第八章

寶寶太早醒，都是晚睡惹的禍？

月齡 4 個月～5 歲

睡眠主題 早醒、晚睡、睡眠剝奪

「寶寶早醒問題嚴重影響我的工作，她每天五點就起床，夜晚還會醒來兩到三次，嚴重一點甚至七次。我根本沒辦法好好睡覺，每天體力透支，要怎麼工作啊？」

安妮是一位外商公司業務，散發出女強人特質，她會找到我商量寶寶的睡眠問題，主要是希望「孩子好睡，自己才能好好工作」。平常安妮上班時會將女兒送去托嬰中心，下班將寶寶接回家後，除了幫寶寶洗澡、餵食副食品、安排生活起居等家事，有時還得跟國外客戶進行視訊會議。尷尬的是，開會時寶寶偶爾會突然大哭，她只得在哭聲當中草草結束會議。

「我希望她夜晚不要醒來，讓我能好好開會不被中斷。也希望她早上能睡晚一點，這樣我才有精神上班。」

安妮對於無法好好工作感到很困擾，這部分我其實也感同身受。身為在家工作的媽媽，三不五時工作中被孩子「亂入」，是必然會發生的一環。當了媽媽之後，時間就像大雨過後落在地上的花瓣，需要彎著腰一片片撿起來，拼湊成現實的模樣。

只是安妮更辛苦的地方在於，她是單親媽媽，下班後得一個人帶寶寶，沒有任何支援。我了解她的狀況後嘆了口氣，這代表媽媽的夜晚、假日都沒有幫手，忙於工作的同時還要一個人帶寶寶，心理和體力上少了旁人支持，真的非常不容易。同時身為職業婦女和單親媽媽，肩上的壓力想必比一般人要更重上許多。

安妮對六個月女兒的睡眠狀況，最想改變的是「夜醒」和「早醒」的問題。不過，睡眠問題背後常常有複雜的原因，就好比生病看醫生時，病人想改善的症狀是「頭痛」，但造成「頭痛」的原因可能

有千千百百種。許多問題常常是一環扣一環，要把最根本的原因抓出來，整體睡眠才會有顯著的改善。

多早醒，才叫做早醒？

談到早醒，我們先來談談早醒的定義。因為有時爸媽口中的早醒，是個美麗的誤會。

首先，爸媽必須認知孩子的生理時鐘跟大人不一樣，你認為的「早醒」對孩子來說可能是「正常」。孩子天生早睡早醒，每一段小睡跟夜晚長睡有其特定的修復作用。

許多爸媽會希望可以把孩子的生理時間「調晚」，讓孩子配合大人的作息。但身為睡眠顧問，我們在協助爸媽時的核心概念是盡可能配合孩子的生理時鐘，以達到比較好的睡眠品質和長度。當然每個家庭狀況略有不同，多數四個月以上的寶寶自然起床時間是早上六點到七點半之間，要到青少年時，孩子才會睡得晚一點。

這時候可能有家長會問：「小孩會不會有早鳥、晚鳥之分？我的孩子說不定是晚鳥啊！」我知道各位爸媽都是這樣期待的，不過我們所謂的早鳥，是在早晨五點半左右起床的孩子，對這類孩子來說，五點多是最好的起床時間。其實這也可以對應到「農業社會」較少睡不好的問題，當時的人類普遍早睡早起，孩子無需「配合」家長生理時鐘，自然睡得好。

但對現代父母來說，六點前起床真是痛苦不堪（請容我先跟這些家長致敬），所以我還是會盡可能試著調整看看。而晚鳥的孩子大約是七點半起床，最晚也不會超過八點。那些能夠晚上十點睡到隔天早

上十點的孩子，通常是月齡還很小，也有可能延伸出其他睡眠問題，或者天生真的很好睡。

另外我們要注意的是，**早醒是一種相對概念**。如果你的孩子平常是七點起床，卻突然頻繁在五點半醒來，就代表可能有些「不對勁」。但如果孩子平常就是六點起床，偶爾在五點半至六點間起床，可以調整的空間就有限。

早醒相對其他睡眠問題，是複雜而且較難處理的，因為四、五點原本就是淺眠比例比較高的時期，容易醒過來睡不回去。如果回應方式不正確，就可能成為「習慣性早醒」，等到這個階段，得花更多時間來改變孩子的睡眠模式。

從作息表推估早醒原因

回到安妮的寶寶身上，雖然安妮是因為「早醒」、「夜醒」問題求援，但這屬於冰山的表徵，而不見得會是底下的原因。我看完安妮記錄的作息表，認為最急需改善的是「睡太少」和「晚睡」這兩件事。我們先來看看寶寶一天的作息：

寶寶一天的作息

5am 起床

7:30am 托嬰中心

8:30am~10am 小睡①

11:30am~2pm 小睡②

4p~5pm 小睡③

5:30pm 回家

6:30pm 副食品＋喝奶

7:30pm~8pm 小睡④

9:30pm 喝奶

10pm 睡覺

安妮告訴我，寶寶每晚會有二至七次的夜醒，且每個小時都有躁動情形。

我檢視這份作息表，發現寶寶每晚十點睡、早上五點起床，還沒扣掉夜醒，晚間就只有七小時的睡眠時間。這可連大人都睡不夠，更何況是六個月的嬰兒呢？很明顯，安妮的寶寶在托嬰中心的小睡，都是用來彌補夜晚長睡的不足。我直覺她並不是真的很難睡的寶寶，夜醒和早醒問題，很大一部分可能跟「晚睡」比較有關。

早醒的常見原因

剛剛有說到，早醒的原因很複雜，以下我們來談談可能誘發早醒的幾個常見因素。這些原因通常會同時存在，而不是只有單一原因造成早醒。

1. 環境

接近清晨時快速動眼期比例較高，寶寶的身體已經接近起床時刻，很容易因外在環境的干擾而醒過來。最常見的干擾是「光線」，五點多房間可能已經開始透光，這同時也是在告訴身體：「可以起床囉！」的訊號，寶寶就比較容易醒過來。

☆ **解法：**使用遮光性好的窗簾、隔音效果佳的窗戶或白噪音，確保清晨時房間依然黑暗且安靜，減少環境干擾的變因。

2. 夜晚太晚睡

這也是前文中提到，安妮的寶寶晚睡的因素。很多家長不敢讓小孩早睡，是因為擔心小孩會太早起。不少家長會如此煩惱地問：「他平常晚上九點睡，早上五點起來；如果晚上七點就睡，會不會凌晨三點就醒了呢？」

但正如先前所說，孩子有應該上床、清醒的生理時鐘，如果錯過上床時間，反而容易整夜不安穩，甚至提早醒來。

☆解法：夜晚提早就寢。觀察孩子的睡眠訊號，慢慢將上床時間提前（每次調整十五至二十分鐘），並觀察早醒問題是否改善。

3. 白天小睡不夠

另一個爸媽比較容易忽略的問題是寶寶缺乏白天的小睡，或在白天睡得太少。當白天睡不夠時，其實也可能會導致早醒。

☆解法：增加孩子符合月齡的小睡次數和長度，幫助他在白天不至於過累。有些孩子有「短小睡」問題，盡可能幫助他拉長小睡時間，提供足夠的修復性睡眠。

4. 白天睡太多

跟前一點相反，寶寶也有可能在白天睡太多，而影響到夜晚長睡時間。這在小睡轉換期更容易發生，然而爸媽要怎麼判別寶寶究竟是睡太多，還是睡太少而引起的問題呢？

☆ **解法：**首先，還是要了解各月齡的小睡建議長度跟次數，如果寶寶小睡超過這個時長／次數，或是接近高標，又同時出現早醒問題。環境問題之外的早醒因素，極有可能是白天的小睡需要調整。另外也可以在單次小睡長度超過兩小時時主動喚醒孩子，避免在白天睡太久影響夜晚睡眠狀況。

5. 想喝奶

小月齡的孩子可能會因為飢餓提早醒過來，尤其快要睡過夜的寶寶，容易有在接近清晨時刻醒來要喝奶，又因接近早晨，喝完奶就睡

不回去的情況。

☆**解法：**確認寶寶是否到了可戒夜奶的月齡，如果寶寶生理狀況可以戒夜奶，可以選擇早晨六點之後再起床餵奶，避免習慣性的清晨討奶。如果孩子還需要喝夜奶，我們盡可能手腳俐落的回應，在黑暗安靜的環境中餵奶，讓孩子有機會睡回去。

6. 慣性

許多家長會在孩子提早醒來時接到大床一起睡。對孩子來說，這會慢慢形成一種慣性，就是清晨起床→爸媽回應→大床睡。人的習慣是養成的，孩子的生理時間也會適應要在此時起床，晚點再睡個回籠覺。

☆**解法：**當以上因素都排除，可能就是孩子已經養成「早醒」

的習慣。**舊的習慣需要用「新的習慣」來解決**，爸媽可以選擇延遲回應，到理想的起床時間（如早上六點）後才接孩子起床。記得，是起床，而不是把他抱到大床一起睡。這需要實行一段時間，且很有恆心才會見效，畢竟習慣養成後就不是一兩天可以改變的。

7. 需要爸媽哄睡

這也是影響寶寶早醒的關鍵原因。當寶寶早醒，但身體還是疲憊時，如果他具備「自行入睡」的能力，就有比較高的機率可以睡回去。因此培養孩子不需要依靠「哄睡」，而是練習自己入睡，對早醒問題也有一定程度的幫助。

安妮寶寶的早睡計畫

我建議安妮：「寶寶若可以在晚上七點左右睡覺是最理想的。」

安妮面露難色地說：「這真的太早了，七點我還得忙很多事情，會議也通常都安排在那個時段。」

單親家庭，又是職業媽媽，可以想見對安妮來說執行這項調整有多艱難。但對安妮的寶寶來說，「早睡」會是改善睡眠問題最關鍵的因素。如果不調整夜晚入睡時間，夜醒和早醒很難有改善。

以這份零到三歲的孩子睡眠研究來看，亞洲國家的寶寶平均在晚間九點十五分之後就寢，而西方寶寶的就寢時間大約落在晚上八點至八點半之間。

但是整體睡眠時數偏少的，清一色都是亞洲寶寶。最少的日本孩子平均睡十一．六二小時，比第一名的紐西蘭孩子平均睡十三．三一小時，硬生生少了一〇一分鐘。而台灣位列倒數第四，略高於十二小時而已。

另一份研究顯示，**晚睡的孩子除了睡眠品質比較差，整體睡眠時間也更少。**[1]生理時鐘雖然有月齡差距跟個體差異，但三歲以下的孩子，夜晚長睡基本上都落在晚間六點至八點之間，愈接近這個時間點，睡眠品質愈好。

看到要讓孩子在六點到八點之間上床睡覺，很多爸媽可能會倒抽一口氣。這樣的時間對許多爸媽來說很困難，也會影響家人間的相處與生活。或許真的很難讓孩子每天八點前入睡，但就家庭現有條件下，也鼓勵家長們盡可能將孩子睡覺的時間，調整至接近原本的睡眠生理時鐘。

另外，提早入睡除了能增加孩子的整體睡眠時間，也能間接改

入睡時間差異

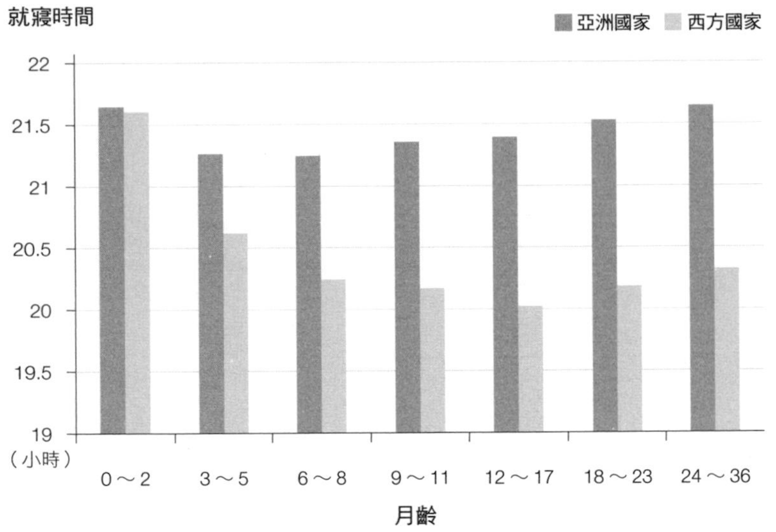

出自：Cross-cultural differences in infant and toddler sleep
（2010 年發表於 Sleep Medicine 期刊）

整體睡眠時數差異

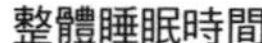

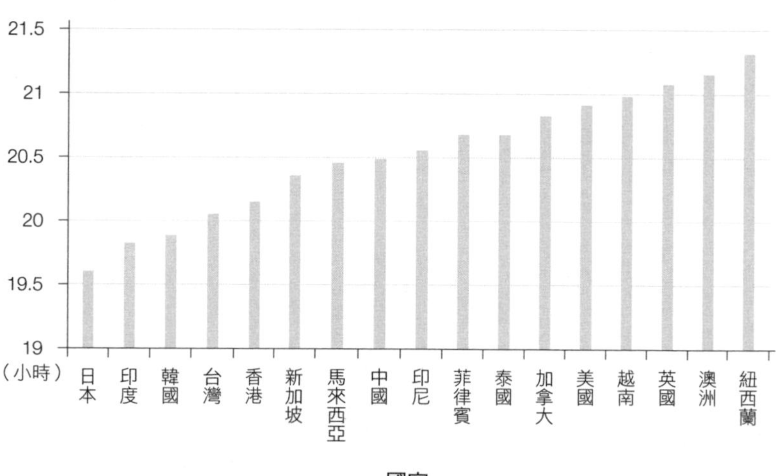

出自：Cross-cultural differences in infant and toddler sleep
（2010 年發表於 Sleep Medicine 期刊）

善爸媽的睡眠剝奪狀況。睡眠剝奪幾乎成為現代人的流行病，無論是大人小孩，睡眠量往往是不夠的。睡眠專家馬修・沃克（Matthew Walker）在《為什麼要睡覺？》（*Why We Sleep: The New Science of Sleep and Dreams*）這本書裡，多次提到睡眠不足會造成免疫系統低落、罹癌風險增加、罹患阿茲海默症風險增加、心血管和中風機率增加、體重增加、發生意外機率增加等問題。睡眠剝奪也增加精神障礙機率，容易憂鬱、焦慮，增加自殺傾向。人類的睡眠，遠比我們想像的還奧妙。身體裡每一個器官、腦中的每一個功能，都會受到睡眠的影響。

我們的文化很強調「吃飽吃好」，但對於「睡飽睡好」卻沒有太多著墨。許多人認為睡得少一點來換取金錢、換取事業的成功是很正常的事情，但是這些真的值得犧牲睡覺時間、犧牲家人的健康嗎？回到努力工作、經營生活的源頭，其實只是希望家人身體健康、心情愉快，小孩健康長大、未來發展順利。如果讓孩子提早入睡，能同時幫助我們接近這些目標，或許可以考慮用全新的角度切入思考調整睡眠作息、改善家庭生活的必要。

當孩子早睡，大人不用「熬自由」也能早點睡覺，可以說孩子早睡對一家人的健康有許多正向影響。在我們憂慮小孩發展遲緩、安全感不足等教養問題時，手邊就有現成的工具「睡眠」能直接有效的提升身心發展，為什麼我們不試試看呢？

早睡帶來的驚人效果

安妮雖然一開始為難拒絕，後來也慢慢接受建議，開始著手調整寶寶的作息。我們重新檢視了生活作息的安排，安妮將寶寶的睡覺時間提前，也把一部分的工作安排在小孩睡著之後的時段。一開始的兩週進行睡眠調整與改變作息，同時也讓孩子練習自行入睡。過程中，

我們發現安妮的寶寶最適合入睡的時間是晚上七點，大家猜猜當寶寶調整到七點睡之後，早上會在幾點起床呢？

答案是六點四十五分至七點之間，夜晚連續睡眠增加為十一．五至十二小時左右。而白天小睡維持規律，每段仍超過一小時。最讓安妮開心的是，寶寶過去常發生的夜醒、睡眠躁動也改善很多，幾乎不再發生。由於寶寶月齡還不到需要戒夜奶，因此也保留一次夜奶，餵完奶就能繼續入睡，確保寶寶不會因為飢餓醒來。

對獨自照顧孩子的職業媽媽來說，孩子早睡還有個好處是，終於可以留點時間給自己。提早送寶寶上床之後，安妮便可以坐下來吃晚餐、安排國外會議。省掉哄睡和夜醒安撫的時間後會議不再被打斷，也能在工作結束後，有個人的獨處時間。

「晚上多出好多時間，真的很不習慣。」女強人安妮不好意思的說：「但我終於有時間和姊妹淘線上聊天。下週還請了一天假，要和朋友去喝下午茶。」

光是解決寶寶的睡眠問題，就能讓安妮肩上的擔子輕一些。雖然一個人照顧寶寶的路途漫長，日後或許會遇到其他問題，但此刻能稍微幫上忙，我不禁也感到非常欣慰。

---

1 Time for bed! Earlier sleep onset is associated with longer nighttime sleep duration during infancy / Sleep Medicine

睡眠引導小提醒

1. 寶寶的自然起床時間，通常落在早上六點到七點半之間，六點之前起床稱為「早醒」。
2. 清晨時房間有光線、夜晚太晚睡、白天小睡時數太少、白天小睡時數太多、需要喝奶、身體已養成早醒慣性，或需要爸媽哄睡接覺時，寶寶容易出現早醒狀況。
3. 早睡不見得會早起。普遍來說，早睡的寶寶睡眠品質較好，睡眠時數也較長。

第九章

偽單親媽媽，三歲的孩子有夜驚

月齡 2歲以上

睡眠主題 夜驚

「我是家中唯一且主要的照顧者，孩子的爸幾乎都在外出差。」

幸儀的來信首先表達自己的現況。

又是位偽單親媽媽，我內心想著。偽單親媽媽有分幾種，有的是爸爸晚下班、早出門，所以孩子幾乎見不到爸爸；第二種是爸爸不住在同一個城市，可能每週或每幾個月見面；第三種是爸爸的工作常常出差或短期外派，會有一段時間不在家。幸儀的狀況屬於第三種，這次先生出差大約兩到三個月。

我的伴侶也常出差，每兩、三個月會出差一至二週。對於這種偽單親狀況，我覺得最困難的不是照顧，而是擔心如果剛好遇到孩子生病，或自己身體不舒服，心裡莫名的壓力跟孤單。

所以對於這類型的個案，我通常會更留意媽媽的身心狀態。在我收到的來信中，常常會有「我真的快崩潰了」、「我好累」、「再這樣下去我會自殺」這類情緒波動的字眼。

幸儀獨自照顧三歲未上學的孩子，再加上長期睡不好，溝通的過程中感覺出來媽媽的疲憊。但即便如此，幸儀的敘述仍很有條理，她的言談和文字不疾不徐，帶著客客氣氣的禮貌。甚至三不五時關心我在英國的生活和疫情狀況，算是我所遇過滿特別的諮詢對象。

「孩子兩歲以前我沒有看過教養書，主要是體力和時間都不夠用。今年開始我比較有時間參與線上課程，修讀蒙特梭利零到三歲的課程，以及阿德勒心理學，對於教育理念有許多精神是非常敬佩的，我也盡量帶著謙卑、尊重、同理、引導的方法與孩子相處。」

不得不說，我對幸儀也抱持著謙卑、敬佩的態度，睡不好的偽單

親媽媽，可以這麼理性又認真地研讀教養課。我想到自己因為孩子夜醒而睡不好的那段時光，只能用瘋婆子來形容。有記得上廁所和洗澡，就很不錯了！

看著幸儀的紀錄，無論是孩子作息或睡眠問題紀錄上都非常有條理組織。孩子最主要的問題是夜醒、晚睡晚起、午睡中斷。幸儀自認為是寶寶幼時太依賴使用奶嘴，導致拿掉之後孩子睡不好。

「我因為孩子的夜醒非常疲憊，就在想如果我睡不好，我的孩子應該也睡不好吧！」

母親真的是很奇妙的角色，自己因為孩子睡不好時，還反過來擔心孩子一定也睡不好。可能是這股為母則強的意志力，讓她可以撐過這三年不好睡的生活吧。

「養育孩子的前兩年，我幾乎沒有單次睡超過三小時的覺。原本兩歲後有一點點好轉，好像可以連睡五小時。可是就在今年疫情變嚴重前，巧逢我們搬家，好像又回到原點。」

通常來尋求睡眠引導的月齡以兩歲內為主，一來是因為兩歲內的睡眠變化較大，二來是如果孩子不好睡，爸媽也撐這麼久，通常已經習慣這種狀態。所以是什麼原因，會在忍耐了三年之後，覺得需要幫助呢？

「孩子夜醒次數很多，隔天起床也很疲憊。午睡的兩小時，中間一定會醒過來。一直以來孩子的睡眠狀況都是這樣，第一年的時候更短，每次大約睡五到十分鐘。」

很難想像這三年來母女睡得最好的時候，是連睡五小時。原本以

為快熬出頭，近期又從頭開始，退化成寶寶第一年的狀態。一般來說，一兩歲以上的孩子，睡眠模式應該會愈來愈穩定。在三歲時打回原形（小寶寶模式）的情況並不常見，這點勾起我的好奇心。

找出造成夜醒的元兇

我們訪談的前一天，孩子整晚仍夜醒了七八次。幸儀帶著疲憊的狀態出現，但即便如此，她還是保持信中的溫和有條理。

在睡眠不足的狀況下，要把孩子的睡眠狀況傳達清楚是很不容易的。因為一來需要平常的觀察，二來也要有邏輯的闡述前因後果。這個對睡不飽的爸媽來說（尤其只有一位照顧者時）實在不太容易。

有些家長不知道該怎麼說，就乾脆把睡眠應用程式[2]中一整天的作息貼圖給我。但我不太喜歡看這些長條圖，這些軟體只能記錄某幾天的睡覺時間點，但無法記錄照顧者的「主觀觀察」。除了客觀的作息資料，照顧者的第一手觀察，往往能透露更多孩子的睡眠狀態。

幸儀在我還沒要求之前，已經用短短幾句話描述孩子的狀態、媽媽的回應方式和發生頻率。

「夜醒主要有兩種狀況，第一種是醒來眼睛沒有睜開，雙腳會一直互踢，然後愈哭愈大聲。我嘗試不介入，在旁邊觀察是否自己睡回去。結果他哭五分鐘後，開始起來移動，雙手一直往前指，過程中眼睛還是沒有睜開。直到跌下床，我才去扶抱，但孩子還是沒睜開眼睛。持續大哭或尖叫，有時候會超過十分鐘、十五分鐘，更長都有。這是比較常見的狀況。」

「第二種狀況是沒有踢腳，只是起來抓一抓頭，眼睛張開醒來微哭。這時候我會把孩子抱起來唱個歌、拍拍再讓他睡回去。但不是每次安撫都有用，有時候會拒絕媽媽抱、連奶嘴都不要吃，只是一直哭。」

我在諮詢過程中最喜歡的是表達清楚，給出的資訊很明確的家長，這樣能更快地抓到孩子睡眠問題的成因，給出的建議也能更到位。我內心暗暗佩服幸儀的冷靜，畢竟在半夜中看到孩子有如此表現，很多家長隔天就帶著孩子去廟裡拜拜收驚，或是整晚輾轉難眠。

第二種狀況在半夜醒過來，迷迷糊糊中討安撫，是很常見的情況。我遇過的夜醒案例中，超過九成五都是如此。多虧了媽媽詳細的觀察，還有精簡扼要的說明，我做了點筆記，再看了一下幸儀的求助信，內心大概有個底。

孩子第一種狀況看起來是夜驚，但為了再肯定一些，我還是多問了幾個問題：

「孩子隔天起床記得昨晚發生什麼事嗎？」

「不記得。」

「最近家中生活有什麼變化或刺激嗎？孩子是否最近剛上學？」

「沒有耶！這個狀況已經持續一陣子，只是最近愈來愈嚴重。孩子一直是我帶，生活還滿單純的。」

「孩子閉眼醒來的狀況，有個固定時間嗎？」

「有的，大概都是凌晨兩點多左右。」

「從媽媽的描述聽起來，比較像是『夜驚』，孩子種種表現都像

是典型的夜驚狀態。」

幸儀開始有些擔心的問道：「為什麼孩子會夜驚？這個以後會好嗎？這樣我們做睡眠引導還有用嗎？」

「夜驚發生的成因不一定，但孩子有夜驚，通常跟遺傳有關係，家中有沒有人也有這樣的狀況？」

幸儀彷彿被點醒，恍然大悟般地說：

「被你一說我才想起，小時候我媽也說我會夜驚，再大一點甚至會夢遊。」

「對！夢遊也是夜驚的其中一種表現。」

為什麼會夜驚？誰容易夜驚？

夜驚這個詞很容易被爸媽拿來當作夜晚睡不好的原因，但夜驚其實不算普遍的狀態。一般爸媽所說的夜驚，比較是夜晚淺眠時期的躁動，或是夢魘。

夜驚的特徵是孩子貌似受到驚嚇，有大幅度的動作，甚至會驚叫嘶吼。

我在好眠師受訓時看過一段夜驚臨床影片，小孩是張開眼睛發出尖叫聲（沒錯，夜驚也有可能張眼，但他實際上看不到你），神情是恐怖片等級的害怕。不管爸媽在周遭怎麼說話、搖晃，當下孩子不認得親人，彷彿活在另一個時空、感覺不到別人存在。等到孩子真正醒過來之後，卻好像什麼事情都沒有發生，感到十分困惑。

這樣的情況很容易讓爸媽感到毛骨悚然，也不知所措。夜醒已經夠擾人了，小童還神情恐懼，發出尖銳聲。要是我的話，應該會嚇得整晚睡不著吧！

夜驚與夢魘的差別

有個能區別夜驚和夢魘的準則是「孩子是否能回憶」，如果記得，通常屬於夢魘。

從年齡來看，夜驚通常發生在三歲以上的孩子，但也有「少部分」孩子在小月齡就發生，我自己聽過最小是一歲半，不過這不算常見。兩到三歲以內的孩子，還是以夢魘的情況較為常見。

很多人以為夜驚是淺眠時的狀態，但事實上，夜驚是發生在熟睡期（non-REM sleep）要進入淺睡期（lighter REM sleep）的轉換階段。如果不正常轉換，就會發生夜驚。所以夜驚通常發生在熟睡比例較高的「上半夜」，在入睡兩到三小時之後。而夢魘躁動則比較常發生在「下半夜」，這是淺眠比例較高的睡眠階段。

另外，夜驚的動作幅度通常比夢魘還大，因為夢魘發生在淺眠時期，肌肉相對較放鬆，動作幅度反而較小。然後根據統計，男生發生夜驚的比例比女生略高。下頁整理了幾種可以快速分辨夜驚或夢魘的方式。

夜驚的成因還不是很清楚，但是通常與「家族遺傳」有關。除了幸儀提到幼時她自己的夜驚和夢遊之外，家中如果有人有異睡症（Parasomnia），孩子有夜驚的機率也會比較高。

夜驚和夢魘的差別

	夜驚	夢魘
發生時期	通常在上半夜	通常在下半夜
睡眠階段	熟睡期睡眠	快速動眼期睡眠
當下症狀	尖叫、驚恐，可能是睜眼或閉眼狀態。對大人的呼喚沒有反應，動作幅度較大	害怕、哭泣、憂慮。夢魘當下動作幅度較小，通常可以完全醒來，但會害怕再度入睡
叫醒難易	難以被叫醒	容易叫醒或自己醒來
事後印象	事後無印象	記得作夢內容或有部分印象
發生原因	遺傳、睡眠不足、白天作息太累、身體不適、生活變動	太晚入睡、白天作息太累、生活刺激、生活壓力
處理方式	確認環境安全、當下不需安撫叫醒、保持作息規律、睡眠充足	保持作息規律、避免過累、當下可安撫緩解、減少生活刺激、減少使用 3C 產品、緩解生活壓力

夜驚發生時，有解方嗎？

「如果是遺傳的話，是不是代表就無解了呢？」

「遺傳只是一個觸發因子，但通常還有其他原因。另一個常見的觸發原因是睡眠不足（sleep deprivation），當孩子睡不好、睡得少，也比較容易引起夜驚。」

我翻了一下孩子的作息狀況，的確有滿大的調整空間。目前入睡時間是夜晚十二點，媽媽有提到這麼晚睡是因為孩子無法早睡。

「我們先從作息，還有入睡方式來著手。如果執行一段時間後，夜驚仍然沒有改善，就會考慮在夜晚進行其他方案，來阻斷孩子夜驚發生的頻率。」

「夜驚狀況通常會隨著年齡增加慢慢改善，這不是病，只是一種狀態。」

這段話是希望媽媽能稍微安心，夜驚並不是疾病，不要過度擔心。其實抓到原因之後，就知道該努力的方向，反而是好事一件。

首要關鍵，檢查環境安全

由於夜驚的狀態並不會馬上消失，所以我簡單的和幸儀敘述發生當下的應對方式：

「夜驚發生時，孩子可能會伴隨走動、手腳揮舞，而無法感覺到周遭情況。所以我們要留意周遭環境是否安全，這點很重要。」

我和幸儀討論之後，決定幫三歲的孩子分房，給他一個安全且比較低的小童床以防摔落，並在小童床外放軟墊。也要避免房間內有小童可觸及的窗戶、階梯、尖銳物品、容易倒塌的家俱等。我們在孩子的房門裝了安全柵欄，預防未來如果有夢遊行為，孩子不致於無意識的走出房間。

分房有兩個優點，第一個是大人的房間通常比較多大型家俱，大床也比較高，就安全性來說，給孩子一個獨立安靜的空間會更好。

第二個優點是，在夜晚孩子和大人比較不會互相干擾。通常夜驚發生時，爸媽會直接衝過去安撫。但這個安撫對孩子來說是無效的，甚至愈安撫情況愈糟。

我們在第一次訪談中決定在環境和作息這兩塊，做比較大的調

整。另外，我們也要趁這次機會戒除哄睡，目前孩子需要媽媽的陪伴、拍拍才能入睡。幸儀希望孩子能夠自行在自己的房間入睡，也趁機把因孩子夜醒而分房的爸爸，帶回到主臥房中。

從作息著手，來改善夜驚頻率

我們在第一週的計畫裡，先讓孩子的入睡時間從晚上十二點調整為九點半之前，並著重在自行入睡的溝通。

夜晚入睡一下子提前兩個多小時，對孩子來說是不小的變化。如果各位爸媽也想自行幫孩子提前入睡，我會建議要注意兩件事：第一，是可以十五至三十分鐘為一個單位，逐步提前，讓孩子有個適應期；第二，是早上要提前喚醒孩子，把一整天的作息都往前挪。

一開始，我們在提早入睡這塊遭遇滿大的困難。孩子在前四個晚上，平均花了兩小時才入睡。第一晚門欄有問題無法關閉，孩子會不停走出房門外，幸儀必須來回帶孩子回床上超過二十至三十次。

再加上幸儀在執行第一天打了疫苗，整個人屬於癱軟無力狀態。在此奉勸所有要執行睡眠訓練的家長，請盡可能在自己身心狀態都良好的情況開始，再怎麼焦急也要善待自己啊！

雖然第一週很辛苦，但我們還是慢慢地幫孩子作息提前到晚上九點半左右入睡。而且因為作息提前，睡眠時數拉長，第一週孩子夜驚的頻率就有顯著降低，一週只發生兩次。這對獨自執行的媽媽來說，是一大鼓舞。

第二週我們的作息調整到晚間八點之前入睡，搭配一整天的作息

調整。孩子在這週更加適應自行入睡，所以入睡時間反而縮短，情緒上也比較能接受自己睡覺，平均花三十至六十分鐘入睡。

第三週孩子夜晚生理時鐘已經固定在七點半入睡，午睡在第三週也看到成效，拉長到一至一．五小時。這時候孩子已經沒有夜驚，即便偶爾會短暫夜醒，但也是能自己睡回去。

這三週的過程乍聽下來好像很順利，但我們當中還遭遇到孩子感冒、孩子在公園玩耍時受傷，縫了兩針等突發狀況。在睡眠引導的過程中，難免會遭遇一些起伏，最常見的是感冒。我們可以在應對上多一些回應和觀察，了解孩子當下的身體狀況給予適度協助。但是要堅守大原則，不因為這些突發狀況再次帶回哄睡，或者又讓孩子的作息回到過去的情形。

幸儀的孩子在三週後，夜晚長睡從七點半睡到隔天早上六點半，幾乎沒有夜醒。小睡控制在一個半小時的長度，媽媽和孩子的精神和情緒都改善許多。

這是一個光靠作息就改善夜驚的案例。可能有家長會問，我的孩子已經早睡早起，也有保留小睡，看起來都睡飽了，如果還是會夜驚怎麼辦呢？

其他改善夜驚的手法

夜驚並非疾病。一般來說，即便家長沒做什麼，夜驚的情況也會隨著孩子年紀增加慢慢好轉。

如果夜驚仍然頻繁發生，在行為治療裡有個手法是：先觀察孩子

發作時間的規律性，然後在夜驚「發生之前」就喚醒孩子。比方說如果孩子的夜驚通常發生在半夜兩點，可以在一點半時先喚醒孩子，打破這個規律性。這樣的做法雖然一開始比較累，但通常執行一兩週之後會有成效，有困擾的家庭可以嘗試看看！

2 睡眠應用程式：可以用來記錄寶寶睡覺、吃飯、喝奶的時間點。可在iOS或Android系統中搜尋關鍵字，找到各家軟體。

睡眠引導小提醒

1. 夜驚通常發生在三歲以上的寶寶身上，較常發生在上半夜。寶寶夜驚後通常無印象，發生原因可能與遺傳、作息不規律、睡眠不足等因素有關。
2. 當寶寶有夜驚問題，需先留意周遭環境是否安全，避免夜驚發生時寶寶發生危險。
3. 改善夜驚發生的方式有：保持作息的規律、早點入睡、排解寶寶生活的壓力。有必要時，可以使用「提前喚醒」的技巧，來打亂夜驚的規律性。

第十章

戒夜奶，讓媽咪跟寶寶都睡好

月齡 2 個月～2 歲

睡眠主題 戒夜奶月齡、親餵戒夜奶

在結婚之前，我和伴侶都屬於自由自在，也很能適應各個環境生活的人。結婚九年來，我隨先生搬了十次家，就像飛翔的鳥兒一般，換過三個國家、六個城市；住過科學園區、哈佛大學宿舍、英國河岸新型公寓，也曾和幾位打工度假的年輕人擠在鐵皮屋，蝸居在客廳加蓋的隔間房。

但有了孩子之後，自在的鳥兒開始認真尋找落腳處。無論考量環境、教育等各種因素，希望在能力範圍內，給孩子最好的，我想這也是多數爸媽的心情。

養育孩子讓我重新檢視內心深處生根的文化和價值觀，異鄉生活的所見，也不再只是追求新奇和體驗，更像是蝸牛換殼的過程一樣，在茫茫之地試圖尋找一個適合的「殼」，在一次次擁擠推拉之間，塞進異鄉那個屬於我們的「家」。

或許是因為這樣的經歷，當我成立好眠寶寶社群，也吸引為數不少的「異鄉人」成為讀者。有住在世界各地的台灣遊子，也有不少香港、馬來西亞、新加坡人。我們像散落世界各地的蒲公英，在異地飛舞飄然，也渴望著扎根成長。

Chloe 一家便是落在異地的蒲公英，她帶著一歲的孩子遠赴美東，陪伴先生念博班。異鄉媽媽的日子很單純，早上五點多孩子起床，Chloe 打理一家人的早餐，然後開車載先生「上學」。接著安排孩子的活動，像是圖書館的寶寶課程、公園跑跳等，其他時間主要分配給做家事、陪玩、料理三餐。在異鄉居住，即便原本分不清楚蔥和蒜，廚藝也能進步飛快，在短時間內端出滿滿一桌家常料理。這是普遍台灣遊子在異國自然發展出的能力，我們用味蕾回味家鄉，用一道道鄉愁暖胃。

Chloe 的生活主要環繞著家庭，每天有機會接觸外人的時間，便是帶孩子外出活動，那是少數能與正常人類對話的時間（全職新手媽應該能明白，帶孩子一整天後能說人話時的喜悅）。看著同期的媽友們，也是奉獻所有時間在孩子、家庭上，彷彿自己仍然能搭上生活的脈搏，與這些媽媽們共同呼吸著，這讓 Chloe 感到心安。

不過 Chloe 一歲大的孩子，每晚依然夜醒五到七次。這點對媽媽來說非常崩潰，為了哄睡孩子，Chloe 自己也每晚睡睡醒醒，白天整個人昏昏沉沉，甚至有幾次都快在開車途中睡著。加上 Chloe 的孩子是奶睡寶寶，無論是小睡還是長睡眠，都需要親餵來銜接睡眠。寶寶睡覺的時候，Chloe 會在一旁陪睡，等候小皇帝召喚侍寢，媽媽的奶像極了全天二十四小時無限供應的自助吧。

夜奶哄睡的惡性循環

親餵媽咪很常落入以奶安撫夜醒的循環中，好處是「方便」，掏出來就有。我認識有些奶睡家庭，甚至練就一番孩子半夜會自動翻衣討奶的技能，好讓媽媽繼續睡她的。達到只有「寶寶」跟「媽媽的奶」醒來，大人繼續睡眠的「人奶分離境界」。但多數的媽媽沒有這麼幸運，整晚不停討奶成為壓垮媽媽的最後一根稻草。即便孩子當晚沒有討奶，媽媽還是會擔心不知何時會被召喚而睡不深，或因為漲奶感而無法好好入睡。

「寶寶喝完奶就睡回去，但我卻無法再入眠。」

「整個晚上怕孩子醒來要喝奶，就像等炸彈引爆一樣不知道何時會醒，如果太晚回應還會讓他完全醒過來，那就麻煩大了。」

「我想要給寶寶滿滿的親密感，捨不得孩子一點哭聲。但孩子夜晚拚命討奶，有時候喝完奶也睡不回去，看著他睡不飽的樣子也很心疼啊！」

好幾位親餵媽咪向我分享寶寶夜醒討奶的崩潰，可說是苦不堪言。對奶睡媽咪來說，睡過夜彷彿是個不可能的任務。「不給奶，就不睡（Milk-or-no sleep）」，媽媽的奶變成唯一入睡工具。這比萬聖節不給糖，就搗蛋（Trick-or-treat）的孩子還可怕。

「戒夜奶」也是許多新手爸媽的共同功課。什麼時候該讓寶寶戒夜奶？幾次的夜奶才算合理？為何別人家的小孩一到四週就能睡過夜，我的寶寶一歲了，還會醒來五到八次？親餵寶寶到底有沒有辦法睡過夜？

在回答這些讓爸媽苦惱的問題前，我們先來定義所謂的「夜奶」吧！這是為了確保跟爸媽們討論溝通時，彼此的認知與目標一致，不只能更精確了解寶寶的睡眠狀況，也才能提供具體協助。**夜奶，是指寶寶連睡十小時至十二小時之間喝的奶**。假設寶寶八點入睡，隔天七點起床，那麼在睡眠十一個小時之間所喝的奶，我都會算進夜奶的範圍。包含夢中迷糊奶、爸媽入睡前給的奶、早晨奶（喝完又睡回去）等。

哪些夜奶該戒掉？

雖然前文中也提到戒夜奶與改善睡眠有關，不過，戒夜奶並不是為了符合社會期待，而是抱著「以滿足寶寶生理需求為前提，提升彼此的睡眠品質」為前提，配合寶寶的發展來執行。**所謂生理需求，指的是「吃飽」和「睡飽」，這兩種需求都要兼顧**。我們不希望孩子飢

餓入睡，小月齡的孩子因為腸胃容量小，生理條件原本就不容易「睡過夜」，太早戒掉夜奶也未必是好事。但也要避免夜奶干擾睡眠，畢竟睡眠對寶寶的發育非常重要，睡不飽的孩子（甚至因此影響睡眠的爸媽）健康也會有所打折。

講了那麼多，我們就來分別了解三種應該要戒掉的夜奶：「安撫奶」、「日夜顛倒奶」、「夢中奶」吧。

1. 安撫奶

第一種應該戒掉的夜奶是「安撫奶」，如果你發現寶寶距離上次喝奶時間沒多久又討奶，或者寶寶喝的不多，稍微吸吮一下就不吃了，那麼很有可能寶寶只是把奶當作入睡、夜醒接覺的工具。頻繁夜奶通常是屬於這類型，寶寶每隔一至三小時就起來討奶，不是真的肚子餓，只是需要媽媽用奶接覺而已。

頻繁夜奶有時候是爸媽回應習慣而養成的，比方說當寶寶有一點躁動、半夜發出點聲音，或是移動一下就緊張地把奶塞進寶寶嘴裡。這很常發生在母嬰同床、親餵媽咪身上，因為實在太方便了，安撫工具隨手可得。這類的頻繁夜奶常常是由大人主導，到最後變成安撫奶，干預彼此的睡眠。我自己剛當新手媽媽的時候，也是犯過一樣的毛病。

2. 日夜顛倒奶

第二種該戒掉的奶，可能會讓很多爸媽心生困惑，有些爸媽會發現寶寶夜晚有認真喝奶，甚至喝得比白天還多。這時候爸媽通常不敢取消夜奶，因為怕寶寶肚子餓，認為：「寶寶一定是需要夜奶的吧？不然怎麼會吃這麼多呢？」

要注意的是，**如果孩子夜晚喝得多、白天吃得少，很有可能是寶**

寶腸胃的生理時鐘「日夜顛倒」了。我們可以把寶寶一整天所需要的熱量想像成一個會被裝滿的小桶子，當夜晚喝太多時，就會壓縮到白天喝奶、吃副食品的量。所以這種類型的夜奶，其實也是該戒掉的。夜奶過量問題，除了干擾爸媽和寶寶的睡眠，更會讓本該休息的腸胃在夜晚超時工作。等寶寶大一點，還會有蛀牙等潛在風險。所以這類型的夜奶，還是建議要戒掉，或減少次數。

3. 夢中奶

夢中奶通常會是在爸媽睡前、寶寶沒有醒來時迷迷糊糊所餵的奶，一般來說時間會落在晚上十至十二點之間。有些睡眠的書主張餵食夢中奶，這樣爸媽睡覺之後寶寶才不會因為飢餓而把父母喚醒。

不過這個論點的前提是，你家寶寶夜晚真的都是因為肚子餓而醒來，不是討安撫，也不是日夜顛倒奶，所以還是得先排除上述的兩種原因。

我一般建議爸媽，夢中奶可用在小月齡寶寶身上，如果你的孩子已經滿三至四個月，就可以拿掉夢中奶。一來，在睡夢中餵奶可能會干擾睡眠，等到月齡增加，寶寶被吵醒睡不回去的機率也會增加。當上半夜的睡眠被干擾，下半夜便會睡得更不穩定；二來，如果寶寶習慣在晚間十至十二點之間「吃宵夜」，久而久之，腸胃就會習慣在這個時間點進食，會比較難讓寶寶自然取消或遞減夜奶，這頓奶就一直保留下來。

隨著月齡，逐步遞減夜奶次數

我們在確認 Chloe 的寶寶生長發育狀況之後，便從月齡判斷寶寶已經不需要喝夜奶了。如果爸媽對於前面提到三種不該保留的夜奶還

是感到困惑，也能從月齡來判定，這是最簡單的方式。以下夜奶建議次數，以正常發育且無病理因素的寶寶為前提，睡眠月齡則以預產期月齡計算。

月齡與夜奶的次數關係

★ **二～四個月齡：**有機會遞減夜奶。要不要遞減夜奶有兩個指標，一個是看小嬰兒有沒有尋乳反應（非吸吮反應），如果只是睡眠時的躁動，我們就先把奶收起來。第二是請兒科醫師或泌乳顧問協助你判斷，以寶寶目前發育狀況一晚大概喝幾次夜奶好，每個寶寶情形不太一樣，謹慎點有益無害。

★ **四～六個月齡：**四個月以上的寶寶「有機會」不喝夜奶。「有機會」不代表一滿四個月，我們就可以開心的拿掉夜奶。多數的寶寶還是需要一至二次夜奶，超過兩次就有點太多了。有些天使寶寶在這個階段睡過夜，我都說這是中二獎的媽咪（頭獎是四個月前就睡過夜的）。

★ **六～八個月齡：**不喝夜奶比例更高，或者是保留一次夜奶，少部分寶寶還需要喝兩次以上。不過正常來說，夜間第一段睡眠應該要能連睡六小時以上。

★ **九個月齡：**恭喜爸媽！正常發育的寶寶在九個月之後「生理上」可以不喝夜奶了，如果寶寶此時還討夜奶，比較高的機率是不小心養成習慣，而不是寶寶真的需要夜奶，所以可以在此時戒掉。

其他評估方式

除了從月齡來看，也有其他幾個方式可以判斷是否須戒夜奶。比方說寶寶的體重是否已超過出生時的兩倍，或者是超過五公斤。整體來說，正常發育且無特殊疾病的寶寶，在二到四個月時，便可遞減夜奶，安全線是四個月再來遞減，最晚九個月能整晚不喝夜奶。

如果爸媽想要更加謹慎，由專業小兒科醫生依照身體條件、生長曲線等來協助判斷，也能更加安心。

☆ ☆ ☆

我們回到 Chloe 的一歲兩個月寶寶身上，孩子原本一晚大概餵奶五至七次，每次喝個幾口就甩開不喝了。我們評估孩子的生理狀況、月齡和個性，確定該完全取消夜奶。

接下來最關鍵的一步就是「該怎麼戒」。坊間有幾種方式，像是「遞減夜奶次數」、「遞減奶量」和「直接取消」。「遞減夜奶次數」指的是原本三次夜奶，遞減為一到兩次；「遞減奶量」指的是原本喝 200cc，改為 100cc；「直接取消」就是一口氣把夜奶全部取消囉！

一般來說，我都會建議爸媽使用「遞減夜奶次數」和「直接取消」。因為「遞減奶量」對於親餵家長不太好操作，在戒安撫奶時，效果也沒有其他兩者好。總之，不管要採取哪種策略，重點是都要持之以恆，才會有所成效。

Chloe 便用直接取消的方式，搭配讓寶寶練習自行入睡來戒掉夜奶。夜醒時，則以其他方式回應寶寶的哭鬧，但是不給奶。當孩子哭

鬧時，爸媽其中一人仍然會出現，稍微安撫但不抱起。前三晚，孩子依然每晚醒來五次左右；第四晚開始，醒來的時間愈來愈短，次數也降低到兩次；第五晚開始，孩子就能睡到隔天早上五點。

雖然聽起來好似很順利，但現實通常不是如此。我們在執行途中，寶寶大約有一週的時間會在凌晨五點多起床討奶。很多戒夜奶的家庭也都會如此，在最後關頭的早晨卡關，也就是夜醒演變成「早醒」。五點多是個尷尬的時間，離正式起床的時間很接近，但又太早了。這個時間點喝奶，也可能會影響正式起床後的喝奶，讓一天的用餐時間比較尷尬。那一個禮拜 Chloe 非常猶豫掙扎，幾次都想餵奶讓孩子睡回去。

親餵媽咪該怎麼戒夜奶

如果是親餵的媽咪，大多數都有這樣的疑問：「如果要戒夜奶，是不是得戒親餵呢？」

很多媽咪以為戒夜奶就得戒掉親餵。但其實答案是：「不用。」我們還是可以在其他時間點親餵，但在夜晚依照前述提供的夜奶月齡遞減或取消夜奶。**戒掉夜奶是把不需要的奶取消，而不是戒掉原本習慣的餵奶方式**。我也曾協助不少親餵家庭取消夜奶，但仍然保留白天的親餵，因此不用擔心戒夜奶需要連親餵一起戒掉。

以下也分享幾個親餵媽咪的成功戒夜奶祕訣：

1. 增加白天餵奶量

寶寶在白天的時候多喝一點奶，夜晚喝奶的量相對可以少一點。如果總是在夜晚喝很多奶，白天的奶量自然也會降低，這尤其是日夜顛倒奶需要注意的地方。

2. 睡前補奶

擔心寶寶餓肚子的媽咪，可以在睡前補奶。比較理想的做法是「在睡眠儀式之前」給奶，避免奶與睡的連結（新生兒除外）。但要注意這時候的補奶也不要太多，不需要喝到完整一次的量。不然寶寶可能會因為肚子太脹反而睡不安穩，這點在腸胃還沒發展好的小月齡寶寶身上尤其明顯。

3. 由爸爸執行睡眠儀式、夜晚值班

對親餵媽咪來說，很困難的點在於「當孩子哭泣時不給奶」。想

像一下你擺了一盤美味的佳餚在寶寶面前，卻又不給他，實在是太違背人性了。而且當孩子哭泣，你的大腦收到訊號，奶脹的蓄勢待發，這真的很難「守住」啊。所以比較簡單的做法是，在降低／取消夜奶的頭一週，由伴侶來執行睡眠儀式，或在夜晚陪睡，媽媽先挪到其他房間，或乾脆睡客廳。

對親餵媽媽來說，即便不給奶，乳房在夜晚還是會產奶。所以建議從遞減給奶，或是夜晚手動排奶開始。讓乳房慢慢適應夜晚沒客人的日子，預防塞奶嚴重變成乳腺炎。

另外，媽媽在心理上也要逐步接受這個改變。剛剛講的都是生理調整，但**心理上，媽媽真的準備好了嗎？**對親餵媽咪來說，餵奶是和寶寶的親密感連結，有時候即便寶寶準備好不喝奶，但媽媽內心還是很難接受。「寶寶夜晚不需要我了嗎？」、「我好想念夜晚寶寶躺在

我身上吸吮的親密感。」這種想好好睡覺，又捨不得戒掉的矛盾心情是很常見的。

在戒親餵夜奶這件事情上，我們希望媽媽內心是「準備好且舒服的」。旁人不要給予壓力或指責，把「奶權」還給母親。**媽媽做好心理準備，再一鼓作氣開始，才是戒親餵夜奶能成功最重要的指標。**

當夜醒變成早醒

那麼，寶寶早醒時到底該不該餵奶呢？小月齡的早醒有可能真的是飢餓導致，如果寶寶月齡小於九個月，可以在餵奶之後很快的睡回去，那可以考慮在此時餵奶。自行入睡、自行接覺的寶寶，是有機會在接下來幾個月自動消失這段早晨奶，不過保留的前提是寶寶自己醒來討奶，爸媽不喚醒餵奶喔！

但如果像Chloe的寶寶一樣已經一歲多，我會建議還是採取自行入睡的引導方式，不要在此時給奶。寶寶會有一段時間依然在清晨醒來，開始哭鬧。這段時間很難熬，但慢慢地，寶寶早起時間就會往後推了。

☆ ☆ ☆

經過一段時間的努力，Chloe的寶寶終於能在夜晚連睡十一小時，晚上八點入睡，隔天早上七點起床。白天小睡總時數二至二・五小時，算是很標準的睡眠狀況。孩子心情上也適應得很好，小睡喚醒時，甚至會開心地向迎接他的媽媽揮手。

有注意到嗎？這裡提到了「小睡喚醒」，我們在處理十一至十五個月孩子的夜晚睡眠時，要特別注意白天小睡的狀況。這個月齡的小

睡情況很起伏，有時候也很極端。有些小童會抗拒小睡，只有一次能成功入睡；有些則是小睡睡得十分好，睡到要爸媽叫醒。

Chloe 一家比較幸運，他們面對的是後者。一歲之後，要慢慢為接下來的小睡轉換期做準備，孩子的小睡時數需要控制，小睡「睡太多、睡太晚」也很有可能導致夜晚一片混亂。所以在調整睡眠時，一定是小睡跟夜晚一起調整，不然很有可能在過程中卡關，難以持續改善。

另外也要注意，一歲前後有幾支後勁比較強的預防針要打（在英國是一次打四針），也是開始長臼齒的時機。我會建議爸媽們要避開那幾天戒夜奶，讓過程更加順利也心安。

Chloe 在幾個月後寫信給我，說寶寶睡好之後，她頓時擁有好多屬於自己的時間，Chloe也開始參與社區的烹飪課程，在異鄉找回自己的興趣。寶寶小睡時，她會研究料理、打掃家務，家庭生活品質提升。夜晚八點前寶寶就入睡，和老公的兩人時光也大幅增加，甚至懷上第二胎囉！

睡眠引導小提醒

1. 夜奶的定義為「夜晚連睡十至十二小時之間所喝的奶」。
2. 三種應該戒掉的奶：安撫奶、日夜顛倒奶、三個月以上的夢中奶。
3. 夜奶次數與月齡有關，二至四個月開始可根據發育情況遞減夜奶；九個月以上，生理條件許可下可完全不喝夜奶。

第十一章

周遭都是天使寶寶，只有我的孩子難入睡

月齡 4 個月～5 歲

睡眠主題 入睡困難、小童入睡拖延、兩歲睡眠震盪

「周遭親友們的孩子似乎都是天使寶寶，孩子累了在哪裡都可以睡，也可以輕易說走就走、去旅行。出門上車睡覺、下車玩耍，我聽最多的就是一歲之後就好多了，但很多時候，卻愈聽愈孤單……。」

在寶寶五個月時，文燕向我傾吐關於寶寶睡眠的種種煩惱。

「我們把一切所有的希望都放在你身上了，寶寶每天不好睡，我們好辛苦啊。」

「請問我們可以做什麼？這樣的日子真的好煎熬。」

文燕一家是我剛成為好眠師兩個月時協助的家庭，聽到這番話，內心也是忐忑不安。雖然說我已經拿到好眠師認證，也確信自己有足夠專業的知識。但我畢竟是個新手顧問，內心還是忍不住這樣想：

「如果他們無法熬過睡眠引導的辛苦時光呢？」

「如果寶寶的睡眠沒有改善呢？」

「如果我沒找到睡眠問題真正的原因呢？」

「爸媽會不會感到很絕望、看不到曙光？」

「我真的可以幫助他們嗎？」

新手上路的不確定感只能埋在心底，畢竟眼前的家庭要找的是一塊浮木，不是一起緊張的人。

難以哄睡的五個月的寶寶

文燕的寶寶在五個月時可以早上六點半起床，一直到下午一點多才睡著。這中間經歷了無數的失敗哄睡，寶寶想睡又想玩，一整天就在吵著睡、哄睡時又想玩的無限循環中度過。寶寶愈來愈累，也愈來

愈難入睡。當小睡沒睡好時，夜醒狀況又更明顯，連帶奶也不想喝。媽媽一整天都在哄睡失敗中度過，體力快被榨乾了。

我非常能理解文燕的感受，因為我自己的女兒就是這樣的「好奇寶寶」。這類寶寶對世界充滿好奇，捨不得閉上眼睛睡覺。當睡意來的時候，他們還能睜大眼睛反抗身體疲憊的直覺，等到撐過那一波睡意，又是一條活龍。

這類氣質的孩子，容易有「哄睡不睡」的情況，通常月齡愈大，狀況會愈明顯。所以好奇寶寶的爸媽，最常尋求睡眠協助的高峰期是在月齡九個月之後。因為這個月齡的孩子更有體力不睡覺了，爸媽體力接近臨界點。

關於「難入睡」，我們從字義上可以拆成「難」和「入睡」。先給大家關於入睡的基礎概念：

怎麼樣才算入睡困難呢？

每個家長入睡困難的定義不太一樣，爸媽有時候會以為睡覺只有「開」和「關」兩個狀態，以為寶寶放上床就斷電秒睡，才叫做順利入睡。

但其實不然，撇除新生兒以外，通常「秒睡」代表放床時間過晚。我們可以想像入睡是個過程，從清醒的一端走到睡著的另一端，中間需要經過長長的隧道。而這個隧道，就是「入睡過程」。

入睡過程是從清醒的狀態，慢慢隔絕外在干擾，回到內在原始的需求，進入睡眠的世界。這個過程跟好酒一樣需要醞釀，所以在健康

睡眠上我們不追求秒睡。

關於這點其實大人也適用，如果大人每次「沾床就睡著」也不是個好現象。這通常代表你入睡時間太晚、身體太累，而變成一秒斷電的狀態。

這時候，爸媽可能會有這樣的疑問：這個隧道要走多久呢？要怎麼界定孩子的入睡時間是合理的呢？

入睡時間的通則大致如下：

一歲以內的寶寶，目標是二十分鐘以內入睡；一歲以上的小童，目標是三十分鐘以內入睡。

如果寶寶多數情況超過這個時間入睡，就「有可能」是入睡困難。這裡要注意，我們看的是多數情況，不需要每段睡眠斤斤計較。

入睡能力，取決於遮蔽外在刺激的能力

入睡的過程主要有兩個驅動因素，就是「睡眠壓力」和「生理時鐘（褪黑激素）」。當這兩者達到足夠的量時，大腦神經會傳達疲憊的感覺讓身體肌肉逐漸放鬆。這時候，我們的專注力會挪回自己身上，閉上眼睛徹底隔絕外在，慢慢的進入睡眠。

如果此時周遭還有很多刺激和好玩的事情，大腦仍然被迫接收外在的大量資訊，我們的身體就會忽略大腦傳來要入睡的訊息，而難以放鬆。而無法放鬆，就會入睡困難。

對小寶寶來說，他們剛離開媽媽溫暖封閉的肚子沒多久。外界的聲響、光線對他們來說都像迪士尼樂園一樣有趣。試問爸媽，當我們身處於遊樂園或熱鬧的夜市、ＫＴＶ時，有辦法靜下心來入睡嗎？同理，當孩子知道外在還有很多好玩的事情，除非是累到最大值斷電，不然是很難入睡的。

而所謂的天使寶寶，是他們能夠在周遭熱鬧時，**有「遮蔽外在刺激、專注自己需求」的能力**。所以我們也可以這樣說，**孩子愈不容易受外在刺激干擾，入睡能力通常愈好**。

遮蔽外在刺激的能力一般來說是天生條件，比較難靠後天訓練而成。不過，外在環境的熱鬧程度就是我們相對能掌控的，這點爸媽通常已經有慣用的獨門妙方，很常在使用了。

比方說我的女兒小蘇打在嬰兒時期，即便在我的背巾裡頭，腳依然不停蹬啊蹬的，不時探出頭來，兩隻眼睛轉啊轉的四處張望。

那陣子，我們得用抱睡才能讓她入睡，因為抱睡某種程度來說，就是隔絕外在干擾強而有力的武器。但即便小蘇打被抱在懷裡還是會拚命抬頭看，像是怕睡著之後就漏掉什麼好玩的事情一樣。此時爸爸有個絕招，就是在她抬頭的過程，用手臂擋在她視線前方移動（這個畫面很滑稽，像在跳某種民族舞蹈），當小蘇打覺得什麼都看不到、無趣了，才會甘願入睡。

我相信這種「遮蔽外在干擾的方式」每個家庭都體驗過，比方說在吵鬧的餐廳吃飯。很多父母會使用高強度的「抱睡」、「奶睡」讓孩子睡覺，因為抱睡、奶睡是我們用身體擋著那些讓孩子分心事物的最直接方式。

只是，這種方法用多了，就養成高強度的哄睡習慣。

所以這種方式不能常用，最好的方式，還是從「睡眠環境」著手，必須讓睡眠環境保持「無聊」。有些家長很可愛，會在嬰兒床內放很多玩具和音樂，熱熱鬧鬧的。我請爸媽把這些東西移除時，爸媽會說：「這樣寶寶會很無聊啊！」

但是周遭太有趣的話，就捨不得睡了呀！爸媽要記得我們此時是要幫助寶寶好好睡覺，而不是擔心他們無聊。

我們在改善文燕五個月大寶寶的睡眠時，第一件事情就是幫他打造一個安全且無聊的睡眠環境。調整期盡可能都在嬰兒床入睡，讓孩子先習慣嬰兒床就是睡眠的地方。盡可能維持安靜、黑暗、無聊的空間，減少入睡時的干擾。

這時文燕問：「這樣以後我們是不是就只能在嬰兒床入睡，不能帶出門了呢？」

能不能在外頭睡覺，這部分主要還是取決於孩子遮蔽外在干擾的能力，所以這點的確很難保證。

不過，睡眠原本就是看「多數時間的狀況」就好，而不是每一天、每一段睡眠都要睡得完美。所以如果孩子在外頭睡不好，爸媽可以調整外出的時間和比例，但不需要緊張到完全不出門。

另外，也有爸媽認為，自行入睡的孩子會受到外在環境影響而帶不出門。之所以會有這樣的感覺，是因為在外頭時，少了「哄睡」這個武器。所以並非自行入睡讓孩子對環境敏感，而是父母少了過去遮蔽外在干擾的招式。

我的折衷做法是，會在該睡覺的時間，將孩子放在推車、汽車座椅上這類「些微搖晃」的環境，不要在此時互動玩耍。如果你的寶寶月齡還小，可以準備一台移動式白噪音機放在推車下，推車外部做一點遮蓋（但注意要通風），這些都有助於孩子入睡。

如果真的不行，那偶爾外出時帶條背巾或奶睡也是沒關係，孩子會分辨外頭和在家的入睡方式不同，只要不要養成長期習慣就好。

過累引起的入睡困難

除了環境之外，另一個常見入睡困難的原因是「作息」。太早或太晚放床都有可能入睡困難，太早放床造成難入睡應該不需要解釋，就是剛剛提到的「睡眠壓力」還不夠嘛！

但太晚放床所造成的入睡困難，就很常被爸媽誤會。

無論是大人或小孩，該睡的時間卻沒睡時，身體會分泌皮質醇幫助他「繼續撐下去」。這個激素會讓孩子更加清醒，甚至變得很興奮，在這個時候要讓寶寶睡覺，比較困難，也更多掙扎。

但寶寶此時還是需要睡眠，你可以想像好像一台車子，一下前進一下後退。明明很想睡覺，卻睡不著，便會造成睡前大哭，特別難搞。這時候通常有兩種情況，就是要等到下一個週期來到才好入睡，或者是哭到斷電睡著。

當時文燕的寶寶作息一片混亂，每日作息取決於第一段小睡的狀況，如果第一段小睡沒睡，或睡得差，整天的睡眠情形就會兵敗如山倒，白天黑夜都睡不好。

我們以五個月的寶寶為例，理想狀況是有兩長一短的小睡，夜晚則在七點多入睡。前面兩次比較重要，我們希望分別能睡一到兩個小時，第三次小睡就可以安排外出行程，即便睡得短也沒關係。

我們在安排作息時，也要注意寶寶前一晚睡眠狀況和早起的時間，以此來安排第一段小睡的入睡時間。慢慢的，就會抓到寶寶睡眠的規律，可以在某些特定時間點睡覺。養成睡眠規律之後，生理時鐘會愈來愈明確，這就是**作息和睡眠的正向循環**。

所以在調整睡眠時，一定也要跟著調整作息。做半套的情況，等於是沒準備好就上戰場。

不過以文燕的寶寶來說，作息混亂的起因是「捨不得睡覺」，所以光調整作息是沒有用的。即便在孩子想睡時哄睡，還是會失敗。針對這類型的孩子，我們要從「環境」、「作息」、「自行入睡」三方面同時下手，才能夠順利推動「健康睡眠」的輪軸，改善睡眠問題。

看到這裡爸媽應該能明白，為什麼有些孩子光調整作息，或者光睡眠訓練，就可以好好睡。但有些爸媽用在自己孩子身上卻無效，原因就是出在沒有對症下藥。了解孩子的問題點，才能找出適合的改善方式。

兩歲七個月的入睡困難

轉眼間，文燕的孩子兩歲多了。雖然孩子已能自行入睡，但是兩歲多的孩子開始花更久的時間入睡，或是有抗拒小睡的狀況。一直到兩歲七個月時，文燕再次向我求助。

「孩子的情緒常常有很多的變化，對於很多人事物都非常敏感。當他不願意入睡時，就會用各種方式來吸引我們注意。一下要求要唸書，一下要求要出去玩，一上床就大哭，直到我們抱他出來為止。」

這個年紀的入睡困難，多數的情況不是孩子難以入睡，而是他們不願入睡。明明很睏了，還是撐著睡意，到撐不下去為止。比方說上床時間到了，還會用各種理由跑出房外。或者是睡眠儀式原本唸兩本書，不停增加到四、五本。尿遁、奶遁、皮膚癢、腳痛……，孩子有不同的花招，搞得爸媽心累、投降，只得帶出房門。在這個階段的入睡困難，應該稱為「入睡拖延」更貼切。

我們來看幾個常見小童入睡拖延的原因，這些原因有可能是綜合的，而不是單一原因造成：

周遭環境熱鬧、睡前活動多

我們剛剛有講到「當孩子愈不容易受外在刺激干擾，入睡能力通常愈好」。有些人先天對環境就很敏感（比方說我自己就是如此），無論是光線、聲音、床的軟硬度、空氣濕度，都有可能讓我們這些高敏感人難以入眠。我在夜晚是不出門的，也只進行閱讀、瑜伽等溫和運動，進入睡前準備。當我晚上聚餐或手機滑太多，通常當天不好睡。

這種狀況在都市生活特別明顯，台灣的家庭夜晚常常還是很熱鬧的。晚上可能還在紛擾的街上吃飯、逛夜市、逛百貨公司、補習或者是孩子進房前看到家裡其他人開電視、滑手機、打電動。又或者爸媽在外頭工作，六、七點才從幼兒園中接回孩子。

這時候孩子仍然處於興奮狀態，要能緊接著「洗洗睡」，坦白說也很違背本性。況且，孩子也想參與家中其他人夜間的活動啊。

至於英國這裡，孩子晚上是很少出門的，英國的孩子能相對早睡，跟整體環境和文化習慣有關。住宅區和商業區分離，自然少了很多聲光的誘惑，減少這些熱鬧干擾因素。

孩子太晚睡

這點我們之前有提過，過累的孩子會過度興奮。這時候上床，可能會有更多情緒起伏，一來一往入睡的時間拖更久。然後爸媽誤以為孩子不夠累，而延後入睡時間，直到孩子撐不下去，累過頭秒睡。

這和前一點是連貫的，是家庭最容易遇到，也最難做改變的狀況。因為要改變，還得牽扯到家庭整體作息和生活，也就是讓夜晚家庭的氣氛溫和平靜，熱鬧的氣息少一些。

我分享幾個改善建議，即便無法完全做到，也能當作參考：

★保母、長輩或媽媽自己照顧的孩子，在傍晚先洗澡、晚餐，減少睡前流程。

★爸媽下班回家後，就專心陪伴孩子，和孩子在房裡開暖燈、進行比較長的睡眠儀式，等孩子睡覺之後才用餐洗澡。這點自行入睡的家庭比較有機會，不然爸媽會很晚才吃到飯。

★重點是「專心」，不要在陪伴孩子時滑手機，或做其他事情。

★ 如果爸媽其中一人很晚下班，親子時間就挪到早晨或週末，不要讓孩子撐著等爸媽返家。

★ 夜晚家中的燈光盡量以昏黃為主，也減少使用 3C 的時間。

長期哄睡

長期哄睡也是一個造成大小童入睡拖延的原因。以前哄睡很快就能睡覺，月齡愈大的孩子愈有體力撐著不睡覺，來「挽留」爸媽更多的陪伴。原本的二十分鐘，不知不覺變成了一到兩個小時。

奶睡的孩子則有可能在斷奶之後，少了長期的哄睡工具，不知道怎麼自我催眠、放鬆，反而難入睡了。這是小童無法斷奶（或斷夜奶）的常見原因之一，因為奶已經成為睡眠的連結，若突然拿掉孩子就睡不著。

關於這點還是得以自行入睡來解決，小童、大童的自行入睡，已經不是單純的睡眠訓練。而是依照年紀，來給予適度的溝通和材料，拉力推力並行，改變長期的入睡習慣。

以上提到的三點都屬於「長期原因」，其他還有些暫時波動的因素。比方說文燕孩子在「上學適應期」和「感知認知發展」時，都分別有幾波的入睡拖延

入睡拖延，是認知發展的一部分

爸媽們有沒有發現，兩歲的孩子愈來愈會「唱反調」呢？老是用「不」、「不要」來回應。睡覺的時候，有更多掙扎或者是理由，來

拖延入睡的時間。如果是，恭喜你，這是孩子發展的進步。同時，也代表我們的育兒生活迎來另一個階段的挑戰。

以嬰幼兒睡眠發展來說，兩歲前後有一波睡眠震盪（倒退）。雖然多數的睡眠書籍，認為兩歲這波是「一小塊蛋糕」，但在我的經驗裡頭，反而覺得這波比較難纏。兩歲震盪期不一定發生在兩歲當下，從一歲半到接近三歲都有可能發生，這波的狀況主要是「入睡拖延」。自行入睡的寶寶，可以不停呼喚你進房，甚至爬出床外、到房外來找人。更多的寶寶會在嬰兒床裡翻滾、唱歌、東摸西摸、數數字，讓自己對抗睡意，常常拖延了一兩個小時之後才慢慢入睡。

而哄睡的寶寶，可能會不停跟爸媽聊天，或者用盡各種招數吸引注意。陪到天荒地老的爸媽，想到還有成堆的家事沒做，最終忍無可忍，以大吼收尾。

兩歲這波的震盪，不見得會用大哭大鬧來抗拒入睡。常常在牙牙學語階段，用稚嫩的聲音、不太純熟的語言來消磨他們的入睡時光。有些語言發展快的孩子，會在此時用各種理由要你進房。

「我想尿尿。」

「我想喝水。」

「我身體癢。」

「我想要長頸鹿娃娃。」

「我不喜歡這件睡衣。」

「明天會上學嗎？（確認明日行程）」

「我怕黑。」

我記得女兒在這波震盪裡，會在嬰兒床唱歌唱到破音（我還遇過有小孩在床上跳舞），剛開始我和蘇打爸還陶醉在「女兒好可愛」的

粉紅泡泡裡。但慢慢的開始失去耐性，在內心大喊：「到底什麼時候要睡啊！」

當爸媽忍不住進房，不管是正向「鼓勵」，還是情緒不好的「催促」，對孩子來說都是成功吸引到注意力。接下來幾天情況不進反退，拖延入睡的情況絲毫沒好轉。

這個階段的孩子開始發展自我，探索周遭的界線能有多遠。這條界線也是孩子對自我的認知，還有對爸媽訂下的界線挑戰。反應在睡眠上，就是小童的「入睡拖延」。

小童入睡拖延的處理方式

相比嬰兒時期，現在有更旺盛的體力，也更容易忽略自己的睡意。孩子希望能在睡眠上有更多的自主權，所以當爸媽要帶孩子睡覺時，他們會想盡各種辦法來拖延入睡時間。孩子在跟爸媽爭奪自主權，踩踩看爸媽對於睡眠的底線在哪裡。對孩子來說，睡眠是無聊的事，房門以外的世界比較「好玩」。所以有些孩子索性不午睡了，或者在夜晚入睡時拚命拖延，導致九點、十點之後才入睡。

這是文燕一家在兩歲多遇到的入睡拖延狀況。這時候，光做以上的建議調整還不夠，我們該如何讓這階段的孩子乖乖睡覺呢？

1. 完整的睡眠儀式

面對那些會害怕，或是渴求更多互動的孩子，更要在睡前提供足夠的親密連結，像是專心陪伴、溫馨互動。如果孩子語言發展不錯，也可以多聆聽孩子的話。或許無法每件事情都滿足，但是要讓孩子感受到「我們有聽到，也支持他」。主動提及怕黑的孩子，可以在房間

留一盞小小的夜燈。

2. 不要輕易變動入睡時間

雖然孩子的睡眠需求可能會減少，但是通常這個階段拖延的程度比較高。我們盡可能不要更動入睡時間，如果要更動，也是「小幅度」更動，孩子不會在一瞬間就少掉一兩個小時的睡眠需求。

3. 依然提供小睡時間

可能會遇到幾次小睡不睡，或者是太晚入睡的狀況。但無論如何，還是要提供小睡時間，以後才有機會把小睡帶回來。即便孩子沒睡，在嬰兒床裡也還有一段安靜的休息時間。此時也要注意，如果孩子太晚入睡，還是盡可能在三點之前喚醒。

4. 白天講定規則，夜晚堅持執行

拖延的過程孩子可能會跟你要求多講個故事、多玩一會、多上一次廁所。這時候不需要和孩子討價還價、你來我往，而是要在白天清醒時，就一起把睡前該做的事情規定好。

沒錯，唸多少本書，玩到幾點，上幾次廁所，都先有個約定。睡前我們不需要討論，而是「提醒」孩子我們的規則是什麼，然後執行。如果在這些事情上爭論不休，或者是妥協，這樣你來我往的「遊戲」就會每天加碼上演。

照顧者一定要有底線。一開始孩子可能會哭鬧不容易實行，但爸媽的堅持會慢慢讓孩子知道底線在哪裡，而且說到做到。這樣才不會助長睡眠震盪，也會讓往後的教養比較容易執行。

文燕的孩子會在上床之前，說他想要和爸媽一起睡在大床上，但放上大床之後又玩了起來不睡覺。當孩子要求睡大床（或者其他要求）時，我們不用直接拒絕他，而是先理解他，然後引導他把注意力放在其他地方。以下是我們的練習：

「我不要睡覺。」

「你說你不要睡覺，媽媽知道了。」（先重複一次孩子的話，表達我們聽到了，不要忽略孩子的表達。）

「我想要再唸兩本書。」

「好，我們明天早上起床後來唸兩本書，現在該上床了。」（不直接拒絕孩子，而是轉個彎把孩子想要的挪到其他時間。）

「我不要上床、我不要睡覺。」

「你可以不要睡覺，但我們時間到了，要進嬰兒床。」（讓孩子保有何時入睡的自主權，但要堅持原本訂定的規則。）

要不要睡覺由孩子決定，但何時上床，是我們在白天說明的規則。讓孩子保有一部分自主權，但是要讓孩子知道規定還是規定，這是父母的底線。這個過程不容易，孩子還是會有哭鬧、掙扎，甚至待在床內不入睡。

要注意這些對話會跟著孩子的語言能力來做調整，但是大原則是**「理解孩子→重複規則→堅持執行」**。這當中最重要的就是照顧者的堅持，通常持續的入睡拖延源自於某幾次的不堅持。孩子其實很聰明的，他們發現照顧者的界線有彈性，就會不斷去拉扯它。

如果爸媽在睡眠規則這件事很堅定，孩子嘗試幾天之後就會作罷，而接受規定，養成習慣。爸媽也要清楚知道，我們這些規定並非限制孩子，或者不讓孩子有自主權，而是保護孩子的健康睡眠。

學習過濾雜音，將專注放在自己與孩子身上

文燕和先生都是在育兒上非常認真的研究型家長，他們會閱讀各類型的教養書籍，我們在對談時提到的一些概念，文燕和先生還會再額外找資料來看。但是家中的長輩及周遭的親友，都認為孩子就要隨便養、隨便睡才會好帶。所以他們在育兒過程中，常常會覺得很孤獨或挫折。

在華人社會裡，常常會因為過度關心而忽略彼此的界線。許多新手爸媽的壓力來自於「周遭給意見指教的人太多」，爸媽沒有試錯空

間，教養某部分變成一種給別人看的形式。

這點我真心覺得很難，有些人覺得發表意見就是關心、愛的表現，卻不知道表達愛最好的方式是「知道何時該閉嘴、何時提供協助」。這幾乎已經成為我們文化中的一部分，隨便一個網友都能來指正你教得不對。

現代父母還有個重要課題是，要學習過濾這些雜音，擁有把這些跨過教養界限的雜音當作「耳邊風」的能力。當我們能不被外在干擾時，可以更專心傾聽內在的聲音。

☆　☆　☆

文燕的孩子在睡眠調整之後，成為一個作息規律，睡眠充足的孩

子。這段期間我們持續有聯絡，也慢慢了解文燕的家庭。

文燕這樣告訴我：

「一直以來，Peggy 都是我與先生的定心丸。說真的，關於睡眠這一塊除了先生與妳以外，我似乎找不到可以說話的對象。謝謝妳不厭其煩地帶著我一步步嘗試與調整，真的是我們從無望到看到希望的轉捩點。也感謝 Peggy 細心以待，似乎把我們的孩子都當成是自己的孩子，帶著我們一起找最適合孩子的方法，媽媽真的由衷的感謝。」

打開這封信時，我忍不住紅了眼眶。對當時初出茅廬的我來說，這是最大的肯定和支持。我一直覺得幫助寶寶調整睡眠是雙向的學習，我也透過協助一個個家庭累積經驗和建立信心。

這幾年的經驗也讓我發現，看到別人的無助，也成為其他人的希望時，我們會莫名的比原本的自己還堅強努力許多。其實想想，這也是很多新手爸媽的狀態，不是嗎？

我把這封信列印出來貼在書桌前，提醒往後遇到每個家庭，都要記得保有初衷。

睡眠引導小提醒

1. 寶寶的入睡能力，取決於「遮蔽外在刺激、專注自己需求的能力」。一歲內的寶寶，目標是二十分鐘以內入睡。一歲以上的小童，目標是三十分鐘以內入睡。

2. 入睡拖延的幾個原因：睡眠環境太多好玩的東西、過早或過累放床、睡前活動多、小童長期哄睡。

3. 兩歲以上寶寶入睡拖延，可由完整的睡眠儀式、固定但有彈性的入睡時間、下午三點前的小睡、預先溝通規則等方式改善。

第十二章

爸爸媽媽一起努力，改善雙寶睡眠問題

月齡 0～8歲

睡眠主題 雙寶、獨愛渴望、睡眠儀式

協助寶寶改善睡眠時，我陪伴每個家庭的時間大約是三至四週。像小樹成長時會使用的暫時支架，支持小樹長到一定程度後，我就會抽身結束參與。

但有些家庭因陪伴的時間特別久，讓我印象特別深刻。怡蓉的家庭就是其一，他們第一次來找我時，大寶一歲六個月、二寶剛出生。當時是大寶的睡眠改善之後，輪到二寶來調整。

另一個印象深刻的原因是，這個家庭是由「爸爸鼓勵媽媽」來尋求幫助。通常來找我協助的十之八九都是媽媽，而這次剛好相反。第一次訪談，爸爸就霸氣堅定，但同時也心疼太太的這樣說：

「怡蓉很有責任感，出月子後一打二堅持不找幫手，夜晚還要餵奶，我就算能偶爾換班來幫她，但還是得上班。看怡蓉累到快崩潰，我實在不想要她這樣撐下去，至少養成孩子的固定作息，媽媽才有時間休息。」

怡蓉自己則說：「我是覺得還好，反正就是過渡期，我比較擔心兩個孩子睡太少。」

相較於爸爸的擔憂，怡蓉最擔心的是雙寶作息該怎麼配合。大寶一歲六個月，個性敏感固執，二寶則還未滿月。大寶在二寶出生後覺得「媽媽被搶走了」，討奶更加頻繁，也更需要媽媽陪伴。媽媽想要戒掉大寶的夜奶，但又擔心他內心不平衡。

爸媽彼此都是很有想法的人，媽媽什麼都希望自己來，勞心也勞力；爸爸雖然不是主要照顧者，但對於家中狀況掌握度很高，不時表達觀察孩子的各種細節。

由於爸媽都非常有想法，也很堅持某些理念。這樣的組合在來找我討論時，常因為雙方的僵持不下，偶爾都能感覺到一些火藥味。但好險雙方都很有心為家庭付出，也為彼此著想，所以最後還是能各退一步，達成共識。

☆☆☆

怡蓉的擔憂是很多雙寶家庭的現況，當兩個孩子睡眠都還沒穩定時，每天的作息就像未爆彈，不知道會在哪個時間點炸開。尤其孩子月齡接近的話，都還沒上學，同時「爭奪」媽媽的關注和時間，媽媽像隻八腳章魚，得同時兼顧好多需求。

一加一大於二，雙寶家庭不只是雙倍辛苦，我們要顧及的除了兩個孩子自己的問題，還有孩子之間彼此的干擾、大寶的心理狀態……。再加上產後媽媽身體仍然修復中，還沒恢復原本的體力，很容易就疲憊不堪、心力交瘁。

一加一大於二，產前就先做好準備

但別忘了，我們也非當年的新手爸媽，對於小寶寶的掌握度不可同日而語。只要做好相關準備，還是可以在雙寶生活中殺出一條生路。這個準備最好從「懷二寶」時就開始，因為二寶還在肚子裡情況相對單純，我們比較有餘力和清醒的腦袋來應對。

我們就來看看，在二寶出生前有哪些可以事先做好的準備：

為二寶準備嬰兒床

首先，把硬體設施準備好，最重要的就是嬰兒床。強烈建議先幫寶寶準備好嬰兒床，如果抱著「不確定孩子會不會睡在嬰兒床上，先暫緩準備」的心情，通常最後結果是一家全睡在大床。

雖然許多家長覺得睡在同張床上比較好照顧，但從安全性和睡眠品質來看，孩子分床睡是最理想的。尤其家中有兩寶時，除非一家人都很好睡，而且對周遭環境不太敏感，不然愈來愈熱鬧的大床，就會有愈來愈熱鬧的夜晚。

另一種狀況是，爸媽各自帶一個孩子睡。孩子不分房，爸媽分房了。這種「短暫」的分房不知道會維持多久，有些夫妻一分開就很難有回頭路，這對感情來說也不是長久之計。

如果大寶月齡超過兩歲半，可以**先在二寶出生之前讓大寶換新床**（沒有欄杆的小童床）。這樣不但能省下一張嬰兒床的費用，也不會有弟弟妹妹出生後，把床讓給二寶睡，降低大寶床被奪走的不平衡。如果大寶年紀還未滿兩歲半，像是怡蓉家的例子，那麼雙寶各自有一張嬰兒床會比較好。

二寶出生前，大寶先分房

另一個環境調整建議，是產前讓大寶先與爸媽分房。一來是孕期媽咪可能會有些不適，需要充分的休息。如果和大寶分房睡。彼此通常能睡得好些。

二來是為了往後方便照顧雙寶。新生兒有哺乳和安全考量，通常還是會和媽媽一起睡。但是新生兒睡眠狀態與小童很不同，同房的狀

況雙寶容易彼此干擾，很多情況是互相吵醒，然後睡得一團亂。爸媽怕吵醒另一位孩子，所以整晚待命，哄睡兩個孩子。

最好的分房時機就是產前，愈早愈好。

如果等二寶接回家中才分房，大寶的心裡會認為弟弟妹妹不但搶走父母的注意力，還搶走原本的房間。這時候要分房難度更高，爸媽除了照顧新生兒，還要處理大寶的情緒，壓力爆表啊！

事先分房說來容易，做起來卻很難。爸媽做不到大寶分房的原因通常有兩個，第一是家裡沒有多餘房間，這部分是硬體限制，沒法改變。

第二個原因是「爸媽過不了心裡那個坎」、「捨不得跟大寶分房」，這通常源自於爸媽對分房有種分離的恐懼感，不自覺地排斥、想延緩做這件事的時機。我們在改變現有狀況時通常會有點猶豫，尤其在遇到阻力的時候更為明顯，所以常常傾向能拖就拖、晚點進行。

在產前坐下來好好談，並理性預演未來情況，有助於爸媽做出適合一家的決定。我們希望這個決定，是以父母和孩子雙贏為基礎。

好習慣的代價在當下，壞習慣的代價在未來。如果我們可以看到未來的影響，就有動力在現階段做改變。

當然，如果分房不符合父母的教養風格或者是家中空間不夠，也別灰心。我雖然建議雙寶先分房，但最終還是會導向他們同房。當大寶年紀超過兩歲，通常對於聲音干擾的容忍度會比嬰幼兒時期高。

初期磨合一陣子後，只要大寶能入睡，也有機會不被嫩嬰的哭聲吵醒。所以無法分房的狀況，就先搞定大寶的睡眠，調整的相對好一些，對往後同房也是有幫助的。

這裡也提醒，並不是說雙寶或多寶家庭一定要一人一間房，一開始分房是避免孩子睡眠還沒穩定之前彼此干擾，我們最後的目標還是導向雙寶同房睡。

爸媽也可以想想，產前我們是否有好好的討論過雙寶的空間配置，還有照現在的情況走下去，未來的生活又會如何？

與大寶溝通，做好心理準備

二寶出生前後，大寶可能會有父母關愛被剝奪，發展假倒退的情況，比方說想和小寶寶一樣喝奶、黏在媽媽身上，或有許多突如其來的情緒起伏。

在二寶出生前，先讓大寶有個緩衝時間接受自己在家中角色的變化。我們可以在產前透過繪本、持續的對話，讓大寶知道接下來家庭會有的改變，也可以在二寶出生時，準備個「弟妹送給大寶」的禮物給他。

盡可能使用正向的言語，讓大寶有預期接下來家中出現的變化。孩子還是會有焦慮不安，但至少不是被動的了解狀況。我們很難期待大寶在二寶出生後，就馬上有哥哥姊姊的樣子。所以可以在過程中準備，並引導大寶擁有新的角色任務。

另外，哄睡的大寶，如果能先學習自行入睡，會大大降低往後雙

寶作息安排的難度。兩個孩子都需要哄睡的情況下，會變成爸媽不用睡。又或者其中一位孩子需要遷就另外一位，而導致縮短睡眠。

從過往經驗來看，產前先讓大寶學會自行入睡，遠比產後進行成功率來得高。

減少產後混亂，雙寶家庭可注意的事情

回到怡蓉一家，雖然來不及在二寶出生前搞定大寶的睡眠，我們還是分階段進行，先處理大寶的睡眠問題，再來改善二寶的。

原本爸媽希望一家四口同房，但雙寶的月齡差距還有睡眠狀態，適合先分房。等到兩個孩子睡眠都穩定之後，再讓雙寶同房。

另一個是雙寶作息配合的需求，通常我們會等到寶寶三至四個月，小睡的規律性發展好之後，再來談作息的配合。這部分跟孩子的月齡還有睡眠狀態很有關係。如果雙寶年紀接近，而且大寶還沒上學，那麼「白天作息」就會是調整重點。怡蓉一家的狀態就是如此，我們可以怎麼做呢？

找到白天小睡的共通點

首先找到雙寶睡眠作息中「接近之處」，絕大多數的例子都是「午睡」。中午的那段睡眠是孩子最需要的小睡，所以最有可能是大寶也需要休息的時段。

不知從何下手的爸媽，可以先從午睡時間著手。讓雙寶的在接近的時間點午睡，從中午往前、往後推，由此安排一整天的作息。

另一個白天小睡技巧是：分開睡。原因是小睡相對夜晚比較不穩定，如果二寶又有短小睡的三十分鐘魔咒，媽媽好不容易搞定雙寶要躺平休息時，可能其中一寶又吵醒另一寶。不過這個建議對雙寶已經超過一歲的家庭來說就沒這麼重要。

減少入睡前的一片混亂

雖然我不斷強調「早睡」多次，但對於雙寶以上的家庭來說，入睡前要讓孩子們吃飽、輪流洗澡、換睡衣、包尿布、唸故事，還有解決各種突發狀況，實在是很困難。

不過無論怎麼困難，一定有改善空間。以怡蓉一家為例，他們是把雙寶的睡眠儀式合併在一起。雙寶帶進房，媽媽幫二寶餵奶、換尿布、拍嗝，爸爸同時在旁講故事給大寶聽，等二寶年紀再大一點，就可以參與更多故事時間。

事實上，他們一家也很享受夜晚四人同房的時光，等到睡覺時間到，各自帶開兩個孩子就寢。這樣除了可以增進一家人感情，也能讓未來引導雙寶同房更容易些。

當然雙寶分開睡眠儀式也是很好的，主要看照顧者和孩子的習慣。觀察哪一種操作手法最順利，就是最適合一家的。

雙寶都哄睡的家庭狀況

對哄睡家庭來說，要讓雙寶早點睡會更困難一點，我也曾碰過另一個家庭是這樣的：

一家四口，大寶兩歲半已經上學、二寶三個月、雙寶皆需哄睡。爸爸夜晚六點半回家，媽媽是全職媽媽，要自己煮飯。

這個家庭的困難點是：爸爸回家時間較晚，搞定雙寶和大人都吃飯、洗澡之後，能躺平最早也是九點了。等到孩子都睡熟，爸媽的自由時間是十點。

這個案例我會先從「減少夜晚睡前準備」來著手。

第一，我們先**調整二寶洗澡時間，挪到下午來洗**；第二，**晚餐提早準備**，在中午或週末先準備燉肉等耐放的食物，也處理好其他食材。這是因為先洗澡可以讓夜晚時間更彈性，縮短睡前的流程。

更重要的關鍵是，**培養孩子自行入睡的習慣**。自行入睡的小童通常入睡時間會比較短，爸媽也不需要「耗時間」哄睡兩個孩子。這裡要注意的是雖然不哄睡，但還是會在睡前專注陪伴孩子，有一段精緻的睡前時光（也就是我們常說的睡眠儀式）。

很多家庭會因為「父母太忙沒有陪伴時間」而拖延孩子夜晚入睡時間，到最後變成小孩配合大人時間晚睡。這的確是現代父母很難為的情況，這點國外的睡眠專家也有過討論。由於三歲前睡眠對大腦的發育極為重要，建議還是要以保護孩子睡眠為主，把親子時光挪到早晨，或者是假日。

如果現實生活無法和孩子有比較長的陪伴，那我們就追求「有品質」的親子時光，重質不重量。這個「有品質的時光」可以放在睡眠儀式當中，寧可有二十至三十分鐘的高品質陪伴和相處，也勝過一家人耗在一起晚睡，全家都疲憊無力，隔天精神不佳。

每個孩子，都有「被獨愛」的渴望

家中有新生兒要照顧時，即便父母對大寶的愛沒有改變，但人的一天就是二十四小時，與大寶的相處時間自然變少。尤其雙寶家庭因為忙碌，很容易會在與孩子相處時變成「任務導向」，也就是急著把每件事情完成，卻「人在心不在」。

這樣的狀態，孩子是能感受到的。所以大寶會在父母最忙碌時吵鬧、吸引注意，就是在告訴父母：「嘿！我也想要被關注，我也想要你花時間在我身上！」

我明白這真的不容易，但每週或每天都需要抽出一段時間，讓自己安定踏實的處在當下。這個當下，就是我們與個別孩子相處的時光，讓自己有意識的專注在孩子身上。我指的不只是幫孩子洗澡、吃飯、陪玩這些行為而已，是在陪伴孩子時，能把因為煩惱家務而飄走的思緒帶回來，專注在與孩子的相處當中。

一天五分鐘、十分鐘、三十分鐘都好，高品質的陪伴指的不是活動內容，而是每天有一段時間，我們和孩子身心皆在同個時空、只有彼此。

就好像我們不會記得幼時父母每天照料日常的每一天，但我們會記得某個「珍貴的片刻」，可能是當時大人說的某句話、某個笑容、某個實質的觸感。幼時的回憶，是由這些高品質陪伴的「當下」所組成的，這些是孩子成長過程中「被關注」、「被傾聽」的幸福時刻。

我再舉一個曾經因為「大寶爭寵」而苦惱的媽咪為例，這位媽咪有個高需求的妹妹，四個月的妹妹隨時隨地都掛在媽媽的身上。當姊

姊放學回家後，想要媽媽的關注，卻總是無法「爭取到」媽媽的陪伴，開始出現不會自己穿衣服、討喝奶、躺在地上大哭等倒退行為，來吸引媽媽的注意力。

我請這位媽媽每晚在姊姊睡前有「單獨相處」的睡眠儀式，讓爸爸照顧妹妹。媽媽說：「可是妹妹不願意和爸爸相處，每當我離開她就會大哭，哭到我抱她為止。」

是啊，因為妹妹已經習慣媽媽的照顧，而排斥「陌生」的爸爸。正因為如此，我們更需要加強父親跟子女相處的機會，而不是讓二寶無止境的只依賴一位照顧者。

媽媽專注陪伴大寶的睡眠儀式，甚至可以放音樂降低外在干擾。即便聽到妹妹的哭聲，都能夠深吸一口氣告訴自己：「妹妹並非無人照顧，只是三十分鐘而已。我們專注在眼前的姊姊身上，聽聽她在學校發生什麼事、有什麼要向我分享。」

這個堅持也是讓姊姊知道，媽媽對她仍然有滿滿的關愛，不會因為「妹妹哭泣」就立刻起身走開。當孩子有被重視被關愛的感覺，內心的需要被滿足，在情緒上能夠更加穩定，而不是陷入「我也要用哭泣來爭取媽媽注意力」的循環裡。當然，有些大寶很懂事，不吵不鬧，這也不代表我們就可忽略他的需求。

☆☆☆

怡蓉一家在大寶練習完自行入睡之後幾個月，也讓二寶加入自行入睡的行列。當孩子能夠自行入睡，爸媽會有更多精力照顧自己、家庭，並擴及其他教養需求。

雖然自行入睡並不是每個家庭都需要走的路，但對於雙寶以上的家庭來說，自行入睡能夠減低一片混亂的機會，一家人也更能好好的生活。

睡眠引導小提醒

1. 雙寶的睡眠習慣，最好從二寶出生前就開始做好準備。先幫大寶分房、處理睡眠問題，並協助大寶做好迎接二寶的心理建設。
2. 在雙寶作息上，找到作息的共通點，通常可由午睡時間點切入，逐漸調整雙寶作息大致相同。
3. 時常檢視、適當調整睡眠儀式，可有效減少入睡前的一片混亂。
4. 每個寶寶都有「被獨愛」的渴望，顧二寶時固然需要花上許多精力，但也要記得刻意保留與大寶單獨相處的時間，才不會讓大寶有「弟妹出生就被冷落」的感覺。

結語

成為媽媽，也成為更好版本的自己

謝謝你閱讀這本書！謝謝你讓我相信可以是媽媽，也是我自己！

我和多數的父母一樣，在育兒中遭遇困難。曾經慌張、無助的嘗試各種方法，也曾懷疑自己，是不是沒資格做個好媽媽。

成為母親，讓我觸摸到內心最軟弱的那一面。但也是因為這份軟弱，讓我能更柔軟地與其他類似遭遇的父母連結。我們因著困難，而進化成另一個版本的自己。

成為好眠師，就是這樣無心插柳的過程，讓我從教育專業跳到了乍看相差甚遠的嬰幼兒睡眠領域，也從家庭主婦的小世界，擴展到與世界各地的爸媽一同努力。所以，我很感謝帶給我睡眠課題的女兒，還有讓我以好眠師身分陪伴、改善睡眠問題的家庭，也讓我在寶寶睡眠領域精益求精。

這幾年持續收到讀者、合作家庭的來信。告訴我他們因為看了我的文章、收聽 Podcast 之後，生活中做了哪些改變。有些媽媽甚至更有自信和餘裕，得以投入心力發展職涯，並且經營自己的生活和家庭關係。

如果現在的你十分困頓，請相信這些困頓，是我們進化成下一階

段的養分。一切是過程、是澆灌、是階段性的成長。如果你相信這是人生中的某個階段，就會環視周遭有什麼可以拿取的，而不是對未來看不到希望，以為是一輩子的痛苦。

這十二個故事，也可看作是上百組家庭的縮影。或許，你也可以在書中看到一些自己的影子。我們與許多家庭互相共振，就如同繁星在世界各角落發光、彼此呼應著。如果對你來說，能帶走一項睡眠知識，或是把這些概念分享出去，也就是我寫下這本書最好的回饋。

世界上從來沒有一種做法或理論是適合所有家庭的，也就是說，育兒沒有標準答案。我所提供的睡眠引導，也只是其中一項選擇。每個家庭都獨一無二，而我們都是在各種選擇中，找到適合自己與孩子的平衡點。

但願這世上少一點「自責的父母」，多一點「自信的父母」！讓我們一起享受成為父母，每一道酸甜苦辣，都是在拓展體驗，加深生命的層次。

家庭與生活 082

每個爸媽都能養出好眠寶寶

建立育兒信心，讓你和0-6歲孩子睡飽睡好

作者／姜珮 Peggy（好眠師）
責任編輯／蔡川惠、謝宥融
校對／魏秋綢
封面設計／ Rika Su
內頁設計／連紫吟、曹任華
行銷企劃／石筱珮

天下雜誌群創辦人／殷允芃
董事長兼執行長／何琦瑜
媒體產品事業群
總經理／游玉雪
總監／李佩芬
版權主任／何晨瑋、黃微真

出版者／親子天下股份有限公司
地址／台北市 104 建國北路一段 96 號 4 樓
電話／（02）2509-2800　傳真／（02）2509-2462
網址／ www.parenting.com.tw
讀者服務專線／（02）2662-0332　週一～週五：09:00~17:30
讀者服務傳真／（02）2662-6048
客服信箱／ parenting@cw.com.tw
法律顧問／台英國際商務法律事務所・羅明通律師
製版印刷／中原造像股份有限公司
總經銷／大和圖書有限公司　電話：（02）8990-2588

出版日期／ 2022 年 11 月第一版第一次印行
定　價／ 420 元
書　號／ BKEEF082P
ISBN ／ 978-626-305-375-5（平裝）

每個爸媽都能養出好眠寶寶：建立育兒信心，讓你和 0-6 歲孩子睡飽睡好 / 姜珮作 . -- 第一版 . -- 臺北市 : 親子天下股份有限公司 , 2022.11
344 面 ; 14.8x21 公分 . -- (家庭與生活 ; 82)
ISBN 978-626-305-375-5(平裝)

1.CST: 育兒 2.CST: 睡眠

428.4　　111018881